全国计算机等级考试过关必练

——四级网络工程师

全国计算机等级考试命题研究组　编

北京邮电大学出版社
·北京·

内容简介

本书包括试卷和试卷答案分析两大部分。试卷包括:最新真题试卷、超级模拟试卷、专家押题试卷。超级模拟试卷和专家押题试卷是根据最新版考试大纲的要求,由多年研究等级考试考纲、试题及相关政策的老师编写,覆盖所有考点;真题部分包含2009年9月、2009年3月、2008年9月三套考卷,让考生考前热身。答案分析部分则对每套试卷的每一道题都提供参考答案,并提供解析,特别是对真题考点进行详细地分析,并预测出题方向。

配书光盘中提供10套笔试试卷。

图书在版编目(CIP)数据

全国计算机等级考试过关必练.四级网络工程师/全国计算机等级考试命题研究组编.--北京:北京邮电大学出版社,2010.2

ISBN 978-7-5635-2203-3

Ⅰ.①全… Ⅱ.①全… Ⅲ.①电子计算机—水平考试—习题②计算机网络—水平考试—习题 Ⅳ.①TP3-44

中国版本图书馆CIP数据核字(2009)第240110号

书　　名: 全国计算机等级考试过关必练——四级网络工程师

主　　编: 全国计算机等级考试命题研究组

责任编辑: 姚　顺

出版发行: 北京邮电大学出版社

社　　址: 北京市海淀区西土城路10号(邮编:100876)

发 行 部: 电话:010-62282185　传真:010-62283578

E-mail: publish@bupt.edu.cn

经　　销: 各地新华书店

印　　刷: 北京忠信诚胶印厂

开　　本: 787 mm×1 092 mm　1/16

印　　张: 10.75

字　　数: 294千字

版　　次: 2010年2月第1版　2010年2月第1次印刷

ISBN 978-7-5635-2203-3　　　　定　价:19.80元

·如有印装质量问题,请与北京邮电大学出版社发行部联系·

前　言

计算机作为一种得到广泛应用的工具，其重要性与日俱增。越来越多的人开始学习计算机知识，很多单位已经把计算机应用能力作为考核、录用工作人员的重要条件之一。各种计算机水平考试也随之应运而生，其中最受欢迎和信赖的就是教育部考试中心所组织的“全国计算机等级考试”。

本丛书根据教育部考试中心制定的最新考试大纲，广泛收集各种经典试题，历年考试全部真题和大纲样题，结合作者多年的教学经验以及对出题范围、重点和难点的研究，从考生的学习和应试角度出发精心编写而成。本丛书首批推出以下10本。

1.《全国计算机等级考试过关必练—— 一级B》
2.《全国计算机等级考试过关必练—— 一级MS Office》
3.《全国计算机等级考试过关必练—— 二级Access》
4.《全国计算机等级考试过关必练—— 二级C语言》
5.《全国计算机等级考试过关必练—— 二级Visual Basic》
6.《全国计算机等级考试过关必练—— 二级Visual FoxPro》
7.《全国计算机等级考试过关必练—— 三级网络技术》
8.《全国计算机等级考试过关必练—— 四级网络工程师》
9.《全国计算机等级考试过关必练—— 四级软件测试工程师》
10.《全国计算机等级考试过关必练—— 四级数据库工程师》

本丛书由考卷和配套多媒体学习光盘组成，特点如下：

- 精心设计，结构合理。在对新大纲与历年真题进行深入研究之后，精心设计了符合命题规律的试卷结构：最新真题试卷＋超级模拟试卷＋专家押题试卷，试卷的编排按照考试规律缜密设计，考点分布合理、突出重点、题型标准。
- 答案解析，详略得当。试卷不仅给出了参考答案，且一一予以解题分析，突出重点、难点，详略得当，力求通过解析的学习，强化理解、记忆。
- 分册装订，便于学习。将答案解析另附三本小册子，方面考生查对答案。
- 真题解析，预测方向。提供3套最新真题及答案与解析，对真题考点进行详细地分析，并预测出题方向。
- 书盘结合，题量超大。盘中提供10套笔试试卷，全真模拟环境，便于考生实战演练，适应考试。
- 作者实力强。作者团队系从事等级考试近10年的辅导、培训、命题、阅卷及编写之经验，有较高的权威性，图书质量有保障。

本丛书由全国计算机等级考试命题研究组主编。参与本书编写与资料收集工作的有：陈海燕、陈智、王珊珊、赵梨花、何光明、胡丽娜、张宏、刘英英、吴远、吴婷、史国川、汪名杰、杨妍等同志。

由于水平有限，加上时间紧迫，书中难免有不足和错误之处，恳请各位同仁和广大读者批评指正。如遇到疑难问题，可通过以下方式与我们联系：bjbaba@263.net。

全国计算机等级考试命题研究组

目　录

第一部分　最新真题试卷

第二部分　超级模拟试卷

第三部分　专家押题试卷

第四部分　答案解析

2009年9月全国计算机等级考试四级试卷

四级网络工程师

1

注意事项

一、考生应严格遵守考场规则，得到监考人员指令后方可作答。

二、考生拿到试卷后应首先将自己的姓名、准考证号等内容涂写在答题卡的相应位置上。

三、选择题答案必须用铅笔填涂在答题卡的相应位置上，填空题的答案必须用蓝、黑色钢笔或圆珠笔写在答题卡的相应位置上，答案写在试卷上无效。

四、注意字迹清楚，保持卷面整洁。

五、考试结束将试卷和答题卡放在桌上，不得带走。待监考人员收毕清点后，方可离场。

2009年9月全国计算机等级考试四级试卷
四级网络工程师

（考试时间120分钟，满分100分）

一、选择题(每小题1分，共40分)

下列各题A)B)C)D)四个选项中，只有一个选项是正确的，请将正确的选项涂写在答题卡相应位置上，答在试卷上不得分。

(1) 下列关于宽带城域网技术的描述中，错误的是______。

A) 宽带城域网保证QoS的主要技术有RSVP、Diff-Serv和MPLS

B) 宽带城域网带内网络管理是指利用网络管理协议SNMP建立网络管理系统

C) 宽带城域网能够为用户提供带宽保证，实现流量工程

D) 宽带城域网可以利用NAT技术解决IP地址资源不足的问题

(2) 下列关于接入技术特征的描述中，错误的是______。

A) 远距离无线宽带接入网采用802.15.4标准

B) Cable Modem利用频分利用的方法，将信道分为上行信道和下行信道

C) 光纤传输系统的中继距离可达100 km以上

D) ADSL技术具有非对称带宽特征

(3) 下列关于RPR技术的描述中，错误的是______。

A) RPR环能够在50 ms内实现自愈

B) RPR环中每一个结点都执行DPT公平算法

C) RPR环将沿顺时针方向传输的光纤环叫做外环

D) RPR的内环与外环都可以传输数据分组与控制分组

(4) ITU标准OC-12的传输速率为______。

A) 51.84 Mbps　B) 155.52 Mbps　C) 622.08 Mbps　D) 1.244 Gbps

(5) 下列关于路由器技术指标的描述中，错误的是______。

A) 吞吐是指路由器的包转发能力　B) 背板能力决定了路由器的吞吐量

C) 语音、视频业务对延时抖动要求较高　D) 突发处理能力是以最小帧间隔值来衡量的

(6) 一台接入层交换机具有16个100/1 000 Mbps全双工下联端口，它的上联端口带宽至少应为______。

A) 0.8 Gbps　B) 1.6 Gbps　C) 2.4 Gbps　D) 3.2 Gbps

(7) 若服务器系统可用性达到99.999%，那么每年的停机时间必须小于等于______。

A) 5分钟　B) 10分钟　C) 53分钟　D) 106分钟

(8) 网络地址 191.22.168.0 的子网掩码是______。

A) 255.255.192.0　B) 255.255.224.0　C) 255.255.240.0　D) 255.255.248.0

(9) 下图是网络地址转换 NAT 的一个实例。

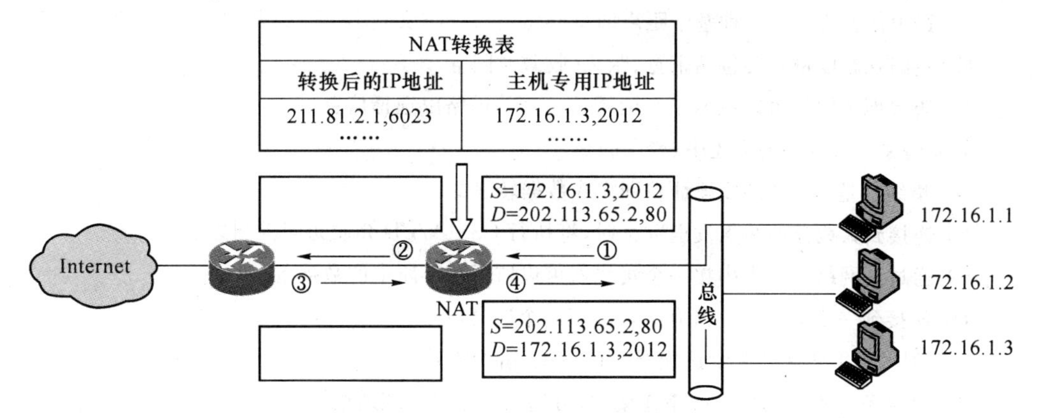

根据图中信息,标号为②的方格中的内容就为______。

A) S=172.16.1.3,2012
　D=211.81.2.1,6023

B) S=211.81.2.1,6023
　D=202.113.65.2,80

C) S=202.113.65.2,80
　D=211.81.2.1,6023

D) S=211.81.2.1,6023
　D=172.16.1.3,2012

(10) 某公司分配给人事部的 IP 地址块为 59.67.159.224/27,分配给培训部的 IP 地址块为 59.47.159.208/28,分配给销售部的 IP 地址块为 59.67.159.192/28,那么这三个地址块经过聚合后的地址为______。

A) 59.67.159.192/25　　B) 59.67.159.224/25

C) 59.67.159.192/26　　D) 59.67.159.224/26

(11) 下列对 IPv6 地址表示中,错误的是______。

A) ::601:BC:0:05D7　　B) 21DA:0:0:0:0:2A:F:FE08:3

C) 21BC::0:0:1/48　　D) FF60::2A90:FE:0:4CA2:9C5A

(12) 下列关于 BGP 协议的描述中,错误的是______。

A) 当路由信息发生变化时,BGP 发言人使用 notification 分组通知相邻自治系统

B) 一个 BGP 发言人通过建立 TCP 连接与其他自治系统中 BGP 发言人交换路由信息

C) 两个属于不同自治域系统的边界路由器初始协商时要首先发送 open 分组

D) 两个 BGP 发言人需要周期性地交换 keepalive 分组来确认双方的相邻关系

(13) R1、R2 是一个自治系统中采用 RIP 路由协议的两个相邻路由器,R1 的路由表如下图(a)所示,当 R1 收到 R2 发送的如下图(b)的(V,D)报文后,R1 更新的 5 个路由表项中距离值从上到下依次为______。

目的网络	距离	路由
10.0.0.0	0	直接
20.0.0.0	5	R2
30.0.0.0	4	R3
40.0.0.0	3	R4
50.0.0.0	5	R5

目的网络	距离
10.0.0.0	2
20.0.0.0	3
30.0.0.0	4
40.0.0.0	4
50.0.0.0	1

A) 0、3、4、3、1　　B) 0、4、4、3、2　　C) 0、5、4、3、1　　D)0、5、4、3、2

(14) 下列关于路由选择协议相关技术的描述中，错误的是______。

A) 最短路径优先协议使用分布式链路状态协议

B) 路由信息协议是一种基于距离向量的路由选择协议

C) 链路状态度量主要包括带宽、距离、收敛时间等

D) 边界网关协议可以在两个自治域系统间传递路由选择信息

(15) 下列关于集线器的描述中，错误的是______。

A) 集线器是基于 MAC 地址识别完成数据转发的

B) 连接到集线器的结点发送数据时，将执行 CSMA/CD 介质访问控制方法

C) 通过在网络链路中串接一个集线器可以监听该链路中的数据包

D) 连接到一个集线器的所有结点共享一个冲突域

(16) 下列关于工作区子系统适配器的描述中，错误的是______。

A) 在设备与不同的信息插座连接时，可选用专用电缆或适配器

B) 当在单一信息插座上进行两项服务时，可采用 Y 形适配器

C) 在水平子系统中选用电缆类别不同于设备所需的电缆类别时，宜采用适配器

D) 适配器不具有转换不同数据速率的功能

(17) 将 Catalyst 6500 交换机的设备管理地址设置为 204.106.1.10/24 的正确配置语句是______。

A) set interface Vlan1 204.106.1.10 0.0.0.255 204.106.1.255

B) set interface Vlan1 204.106.1.10 255.255.255.0 204.106.1.255

C) set interface sc0 204.106.1.10 0.0.0.255 204.106.1.255

D) set interface sc0 204.106.1.10 255.255.255.0 204.106.1.255

(18) 在 Catalyst 3524 以太网交换机上建立名为 hyzx204 的 VLAN，正确的配置语句是______。

A) vlan 1 name hyzx204　　B) vlan 105 hyzx204

C) vlan 500 name hyzx204　　D) vlan 1005 namc hyzx204

(19) 交换机的优先级增值量是______。

A) 1 024　　B) 2 048　　C) 4 096　　D) 8 192

(20) 提高 Catalyst 6500 发生间接链路失效的收敛速度，正确配置 STP 可选功能的命令是______。

A) set spantree backbonefast enable　　B) set spantree uplinkfast enable

C) set spantree portfast 3/2 enable　　D) set spantree portfast bpdu-filter enable

(21) Cisco 路由器查看路由表信息的命令是______。

A) show route　　B) show router　　C) show ip route　　D) show ip router

(22) 用标准访问控制列表禁止非法地址 192.168.0.0/16 的数据包进出路由器的正确配置是______。

A) access-list 110 deny 192.168.0.0 0.0.255.255

access-list 110 permit any

B) access-list 10 deny 192.168.0.0 255.255.0.0

access-list 10 permit any

C) access-list 50 permit any

access-list 50 deny 192.168.0.0 0.0.255.255

D) access-list 99 deny 192.168.0.0 0.0.255.255

access-list 99 permit any

(23) 配置 DHCP 服务器 IP 地址池的地址为 193.45.98.0/24。其中 193.45.98.10 至 193.45.98.30 用作静态地址分配，正确的配置语句是______。

A) ip dhcp excluded-address 193.45.98.10,193.45.98.30 network 193.45.98.0 255.255.255.0

B) ip dhcp excluded-address 193.45.98.10,193.45.98.30 network 193.45.98.0/24

C) ip dhcp excluded-address 193.45.98.10,193.45.98.30 network 193.45.98.0 0.0.0.255

D) ip dhcp excluded-address 193.45.98.10 193.45.98.30 network 193.45.98.0 255.255.255.0

(24) 下列路由表中错误的路由表项是______。

A) C 212.112.7.0/24 is directly connected,212.112.7.1

B) S 167.105.125.128 [1/0] via 202.112.7.1

C) O 222.29.2.0/24 [110/3] via 162.105.1.145,00:13:43,Vlan1

D) OEI 202.37.140.0/28 [110/22] via 162.105.1.145,00:13:43,Vlan1

(25) 在设计一个要求具有 NAT 功能的小型无线局域网时，应选用的无线局域网设备是______。

A) 无线网卡　　B) 无线接入点　　C) 无线网桥　　D) 无线路由器

(26) 下列对 Aironnet 1100 无线接入点进入快速配置页面的描述中，错误的是______。

A) 第一次配置无线接入点一般采用本地配置方式

B) 使用 5 类以太网电缆连接 PC 和无线接入点，并给无线接入点加电

C) 在 PC 获得 10.0.0.x 的 IP 地址后，打开浏览器，并在地址栏里输入无线接入点的 IP 地址 192.168.0.1，会出现输入网络密码页面

D) 输入密码并按 Enter 键后，出现接入点汇总状态页面，单击“Express Setup”进入快速配置页面

(27) 下列对 SSID 的描述中，错误的是______。

A) SSID 是无线网络中的服务集标识符

B) SSID 是客户端设备用来访问接入点的唯一标识

C) 快速配置页面中“Broadcast SSID in Beacon”选项，可用于设定允许设备不指定 SSID 而访问接入点

D) SSID 不区分大小写

(28) 下列关于 Windows 2003 系统下 DNS 服务器配置和测试的描述中，错误的是______。

A) 允许客户机在发生更改时动态更新其资源记录

B) DNS 服务器中的根 DNS 服务器需管理员手工配置

C) 转发器是网络上的 DNS 服务器，用于外域名的 DNS 查询

D) 使用 nslookup 命令可以测试正向和反向查找区域

(29) 下列关于 Windows 2003 系统下 DHCP 服务器配置的描述中，错误的是______。

A) 不添加排除和保留时，服务器可将地址池内的 IP 地址动态指派给 DHCP 客户机

B) 地址租约期限决定客户机使用所获得 IP 地址的时间长短

C) 添加排除和保留时均需获得客户机的 MAC 地址信息

D) 保留是指 DHCP 服务器指派的永久地址租约

(30) 下列关于 Windows 2003 系统下 WWW 服务器安装和配置的描述中，错误的是______。

A) 在一台服务器上可构建多个网站

B) 在 Windows 2003 中添加操作系统组件 IIS 就可实现 Web 服务

C) 在 Web 站点的主目录选项卡中，可配置主目录的读取和写入等权限

D) Web 站点必须配置静态的 IP 地址

(31) 下列关于 Serv_U FTP 服务器安装和配置的描述中，错误的是______。

A) 创建新域时输入的域名不必是合格的域名

B) 用户可在 FTP 服务器中自行注册新用户

C) 选择拦截“FTP BOUNCE”和 FXP 后，则不允许在两个 FTP 服务器间传输文件

D) 添加用户时，若用户名为“anonymous”，系统会自动判定为匿名用户

(32) 下列关于 Winmail 邮件服务器描述中，错误的是______。

A) Winmail 邮件服务器支持基于 Web 方式的访问和管理

B) Winmail 邮件管理工具包括系统设置、域名设置等

C) 在系统设置中可以通过增加新的域构建虚拟邮件服务器

D) 为建立邮件路由，需在 DNS 服务器中建立邮件服务器主机记录和邮件交换器记录

(33) Cisco PIX 525 防火墙能够进行操作系统映像更新、口令恢复等操作的模式是______。

A) 特权模式　　B) 非特权模式　　C) 监视模式　　D) 配置模式

(34) 下列入侵检测系统结构中，能够真正避免单点故障的是______。

A) 集中式　　B) 层次式　　C) 协作式　　D) 对等式

(35) 下列关于 RAID 的描述中，错误的是______。

A) 服务器需要外加一个 RAID 卡才能实现 RAID 功能

B) RAID10 是 RAID0 和 RAID1 的组合

C) 一些 RAID 卡可以提供 SATA 接口

D) RAID 卡可以提供多个磁盘接口通道

(36) 下列关于 IPS 的描述中，错误的是______。

A) NIPS 对攻击的漏报会导致合法的通信被阻断

B) AIPS 一般部署于应用服务器的前端

C) HIPS 可以监视内核的系统调用，阻挡攻击

D) IPS 工作在 In-Line 模式

(37) 能够得到下面信息的 DOS 命令是______。

```
Tracing route to www.lb.pku.edu.cn [162.105.131.113]
Over a maximum of 30 hops:
  0     jscs      [202.113.76.123]
  1               202.113.76.1    reports:Destination net unreachable.

Computing Statistics for 25 seconds...
               Source to Here    This Node/Link
Hop   RTT      Lost/Sent = Pct   Lost/Sent = Pct    Address
  0                                                 jscs [202.113.76.123]
                                 100/100 = 100%     |
  |   —        100/100 = 100%    0/100 =   0%       jscs [0.0.0.0]

Trace complete
```

A) nbtstat　　B) tracert　　C) pathping　　D) netstat

(38) 当 IP 包头中 TTL 值减为 0 时，路由器发出的 ICMP 报文类型为______。

A) 时间戳请求　　B) 超时　　C) 目标不可达　　D) 重定向

(39) 在某 Cisco 路由器上使用命令"snmp-server host 202.113.77.5 system"进行 SNMP 设置，如果在管理站 202.113.77.5 上能够正常接收来自该路由器的通知，那么下列描述中错误的是______。

A) 路由器上已用"snmp-server enable traps"设置了 SNMP 代理具有发出通知的功能

B) 路由器向管理站按照团体字 public 发送通知

C) 管理站 202.113.77.5 使用 UDP 的 162 端口接收通知

D) 路由器使用 SNMP 版本 1 向管理站发送通知

(40) 下列软件中不能用于网络嗅探的是______。

A) TCPdump　　B) Wirshark　　C) Ethercat　　D) MRTG

二、综合题(每空 2 分，共 40 分)

请将每一个空的正确答案写在答题卡【1】~【20】序号的横线上，答在试卷上不得分。

1. 计算并填写下表。

IP 地址	117.145.131.9
子网掩码	255.240.0.0
主机号	(1)
网络地址	(2)
直接广播地址	(3)
子网内第一个可用 IP 地址	(4)
子网内的最后一个可用 IP 地址	(5)

2. 如图 1 所示，某校园网使用 2.5 Gbps 的 POS 技术与 CERNET 相连，POS 接口的帧格式使用 SONET，并要求在 R3 上封禁所有目的端口号为 1 434 的 UDP 数据包进入校园网。

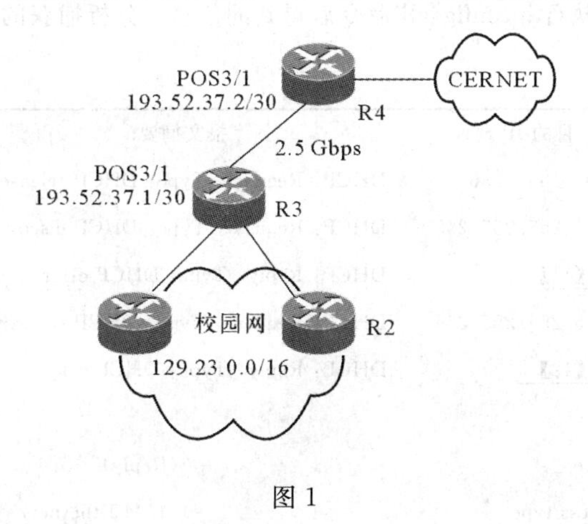

图 1

请阅读以下 R3 关于 POS 接口和访问控制列表的配置信息，并补充【6】~【10】空白处的配置命令或参数，按题目要求完成路由器 R3 的相关配置。

R3 的 POS 接口配置：

```
Router-R3 #configure terminal
Router-R3 (config)#
Router-R3 (config)#interface pos3/1
Router-R3 (config-if)#description To CERNET
Router-R3 (config-if)#bandwidth ____【6】____
Router-R3 (config-if)#ip address 193.52.37.1 255.255.255.252
Router-R3 (config-if)#crc 32
Router-R3 (config-if)#pos framing sonet
Router-R3 (config-if)#no ip directed-broadcast
Router-R3 (config-if)#pos flag ____【7】____
Router-R3 (config-if)#no shutdown
Router-R3 (config-if)#exit
Router-R3 (config)#
```

R3 的访问控制列表配置：

```
Router-R3 (config)#access-list 130 ____【8】____ any any eq 1434
Router-R3 (config)#access-list 130 permit ____【9】____ any any
Router-R3 (config)#interface pos 3/1
Router-R3 (config-if)#ip access-group ____【10】____
Router-R3 (config-if)#exit
Router-R3 (config)#exit
Router-R3 #write
```

3. 如图 2 所示，在某 DHCP 客户机上捕获了 5 条报文，表中对第 5 条报文进行了解析，图 3 是在该客户机捕获上述报文后执行 ipconfig/all 命令后得到的信息。分析捕获的报文，并补全图中【11】～【15】的信息。

编号	源 IP 地址	目的 IP 地址	报文摘要	报文捕获时间
1	192.168.1.1	192.168.1.36	DHCP：Request，Type：DHCP release	2009-03-08 09:06:55
2	0.0.0.0	255.255.255.255	DHCP：Request，Type：DHCP discover	2009-03-08 09:07:00
3	192.168.1.36	____【11】____	DHCP：Reply，Type：DHCP offer	2009-03-08 09:07:00
4	0.0.0.0	255.255.255.255	DHCP：Request，Type：DHCP request	2009-03-08 09:07:00
5	192.168.1.36	____【12】____	DHCP：Reply，Type：DHCP ack	2009-03-08 09:07:00

DHCP：----DHCP Header----

DHCP：Boot record type =2(Reply)

DHCP：Hardware address type =1(10M Ethernet)

DHCP：Hardware address length =6bytes

```
DHCP: Hops                                     =0
DHCP: Transaction id                           =2219131D
DHCP: Elapsed boot time                        =0 seconds
DHCP: Flags                                    =0000
DHCP: 0                                        =no broadcast
DHCP: Client self-assigned address             =[0.0.0.0]
DHCP: Client address                           =[192.168.1.1]
DHCP: Next Server to use in bootstrap          =[0.0.0.0]
DHCP: Reply Agent                              =[0.0.0.0]
DHCP: Client hardware address                  =000F1F2F3F4F
DHCP: Vendor Information tag                   =63825363
DHCP: Message Type                             =5(DHCP Ack)
DHCP: Address renewel interal                  =345600(seconds)
DHCP: Address rebinding interal                =604800(seconds)
DHCP: Request IP Address interal               =691200(seconds)
DHCP: Subnet mask                              =255.255.255.0
DHCP: Gateway address                          =[192.168.1.100]
DHCP: Domain Name Server address               =[202.106.46.151]
DHCP: Domain Name Server address               =[202.106.195.68]
```

图 2　在 DHCP 客户机上捕获的 IP 报文及相关分析

```
Ethernet adapter 本地连接:
Connection-specific DNS Suffix :
Description. . . . . . . . . . . . . . . . : Broadcom 440x 10/100 Integrated
Controller
Physical Address. . . . . . . . . . . . : 【13】
Dhcp Enable. . . . . . . . . . . . . . . : 【14】
IP Address. . . . . . . . . . . . . . . . : 192.168.1.1
Subnet Mask. . . . . . . . . . . . . . . : 255.255.255.0
Default Gateway. . . . . . . . . . . . : 【15】
Lease Obtained. . . . . . . . . . . . . . : 2009年3月8日 9:07:00
Lease Expires. . . . . . . . . . . . . . . : 2009年3月16日 9:07:00
```

图 3　在 DHCP 客户机执行 ipconfig/all 获得的信息

4. 图 4 是在一台主机上用 Sniffer 捕获的数据包。

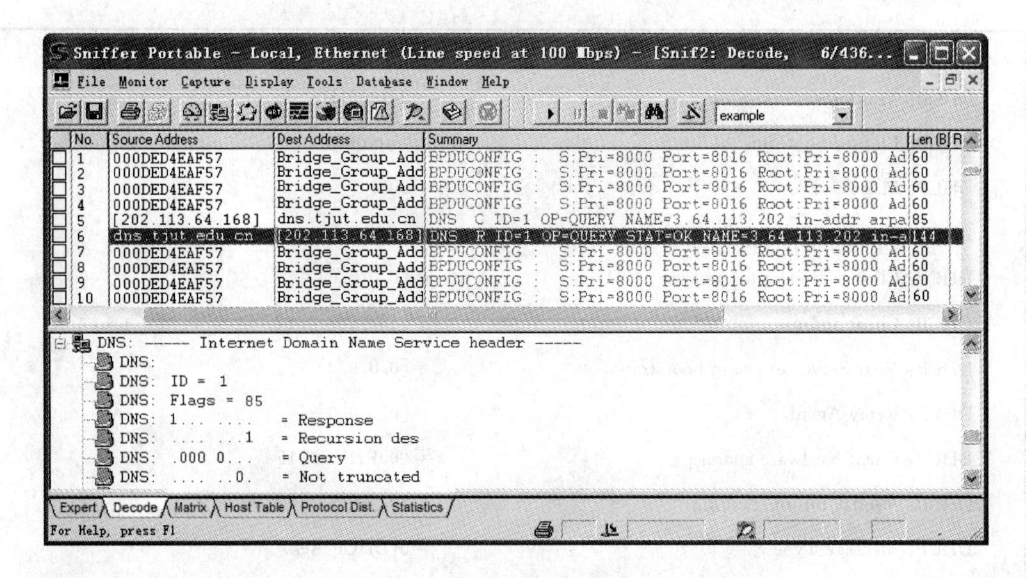

图 4 Sniffer 捕获的数据包

请根据图中信息回答下列问题。

(1) 该主机使用的 DNS 服务器的域名是__【16】__,DNS 服务器的 IP 地址是__【17】__。

(2) 如果图 4 显示的是在该主机上执行某个操作过程中捕获的所有数据包,那么该操作是__【18】__。

(3) 如果 Sniffer 启用了如图 5 所示的过滤器“example”后,在该主机上使用浏览器成功地访问了 http://it.nankai.edu.cn,那么 Sniffer 是否可以捕获到该操作的数据包(请回答是或否)__【19】__。

(4) 如果想要捕获在载荷的某个固定位置上具有指定特征值的数据包,那么需要使用的过滤器选项是__【20】__。

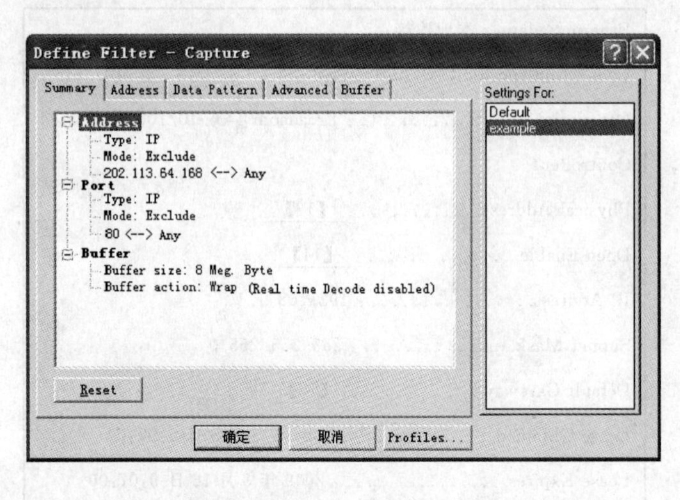

图 5 Sniffer 包过滤定义窗口

三、应用题(共 20 分)

应用题必须用蓝、黑色钢笔或者圆珠笔写在答题纸的相应位置上,否则无效。

请根据图 6 所示网络结构回答下列问题。

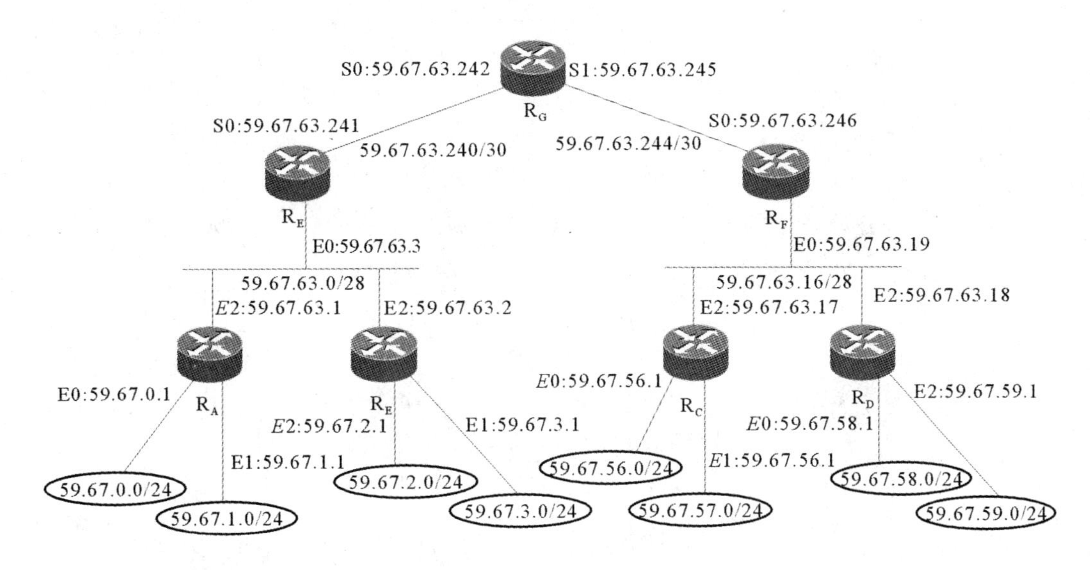

图 6　网络结构示意图

(1) 填写路由器 R_G 的路由表项①～⑤(每空 2 分,共 10 分)。

(2) 如果该网内服务器群的 IP 地址为 59.67.57.11～59.67.57.25,并且采用一种设备能够对服务器群提供如下保护措施:发送到服务器群的数据包将被进行过滤检测,如果检测到恶意数据包时,系统发出警报并阻断攻击。请写出这种设备的名称(2 分)。这种设备应该部署在图中的哪个设备的哪个接口(2 分)?

(3) 如果将 59.67.59.128/25 划分 3 个子网,其中第一个子网能容纳 60 台主机,另外两个子网分别能容纳 25 台主机,请写出子网掩码及可用的 IP 地址段(6 分)。(注:请按子网序号顺序分配网络地址)

★最新真题试卷

2009年3月全国计算机等级考试四级试卷

四级网络工程师

2

注意事项

一、考生应严格遵守考场规则，得到监考人员指令后方可作答。

二、考生拿到试卷后应首先将自己的姓名、准考证号等内容涂写在答题卡的相应位置上。

三、选择题答案必须用铅笔填涂在答题卡的相应位置上，填空题的答案必须用蓝、黑色钢笔或圆珠笔写在答题卡的相应位置上，答案写在试卷上无效。

四、注意字迹清楚，保持卷面整洁。

五、考试结束将试卷和答题卡放在桌上，不得带走。待监考人员收毕清点后，方可离场。

2009年3月全国计算机等级考试四级试卷
四级网络工程师

(考试时间120分钟,满分100分)

一、选择题(每小题1分,共40分)

下列各题A、B、C、D四个选项中,只有一个选项是正确的,请将正确的选项涂写在答题卡相应位置上,答在试卷上不得分。

(1) 下列关于光纤同轴电缆混合网HFC描述,错误的是______。

A) HFC是一个单向传输系统

B) HFC改善了信号传输质量,提高了系统可靠性

C) HFC光纤结点通过同轴电缆下引线可以为500到2000个用户服务

D) HFC通过Cable Modem将用户计算机与同轴电缆连接起来

(2) 下列关于无线局域网802.11标准的描述中,错误的是______。

A) 802.11标准定义了无线局域网物理层与MAC协议

B) 802.11标准定义了两类设备,即无线结点与无线接入点

C) 无线接入点在无线和有线网络之间起到桥梁的作用

D) 802.11标准在MAC层采用了CSMA/CD的访问控制方法

(3) 目前宽带城域网保证QoS要求的技术主要有RSVP、DiffServ和______。

A) ATM　　B) MPLS　　C) SDH　　D) Ad hoc

(4) 下列关于RPR技术的描述中,错误的是______。

A) RPR的内环用于传输数据分组,外环用于传输控制分组

B) RPR是一种用于直接在光纤上高效传输IP分组的传输技术

C) RPR环可以对不同的业务数据分配不同的优先级

D) RPR能够在50 ms内隔离出现故障的结点和光纤段

(5) 下列关于路由器技术的描述中,错误的是______。

A) 吞吐量是指路由器的包转发能力

B) 高性能路由器一般采用交换式结构

C) 语音、视频业务对路由器延时抖动要求不高

D) 路由器的冗余是为了保证设备的可靠性和可用性

(6) 一台交换机具有24个10/100 Mbps电端口和4个1 000 Mbps光端口,如果所有端口都工作在全双工状态,那么交换机总带宽应为______。

A) 6.4 Gbps　　B) 10.4 Gbps　　C) 12.8 Gbps　　D) 28 Gbps

(7) 若服务器系统年停机时间为6小时，那么系统可用性至少达到______。

A) 99%　　B) 99.9%　　C) 99.99%　　D) 99.999%

(8) IP地址块168.192.33.125/27的子网码可写为______。

A) 255.255.255.192　　B) 255.255.255.224

C) 255.255.255.240　　D) 255.255.255.248

(9) 下图是网络地址转换NAT的一个示例。

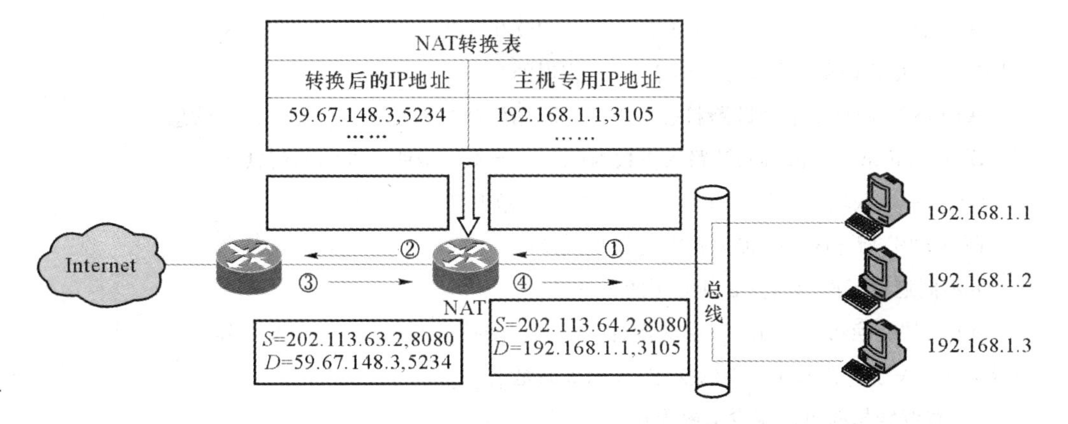

根据图中信息，标号为①的方格中的内容应为______。

A) S=192.168.1.1,3105
　　D=202.113.64.2,8080

B) S=59.67.148.3,5234
　　D=202.113.64.2,8080

C) S=192.168.1.1,3105
　　D=59.67.148.3,5234

D) S=59.67.148.3,5234
　　D=192.168.1.1,3105

(10) 某企业分配给人事部的IP地址块为10.0.11.0/27，分配给企划部的IP地址块为10.0.11.32/27，分配给市场部的IP地址块为10.0.11.64/26，那么这三个地址块经过聚合后的地址为______。

A) 10.0.11.0/25　　B) 10.0.11.0/26　　C) 10.0.11.64/25　　D) 10.0.11.64/26

(11) 下列对IPv6地址FE60:0:0:050D:BC:0:0:03F7的简化表示中，错误的是______。

A) FE60::50D:BC:0:0:03F7　　B) FE60:0:0:050D:BC::03F7

C) FE60:0:0:50D:BC::03F7　　D) FE60::50D:BC::03F7

(12) BGP路由选择协议的四种分组中不包括______。

A) hello　　B) notification　　C) open　　D) update

(13) R1、R2是一个自治系统中采用RIP路由协议的两个相邻路由器，R1的路由表如下图(a)所示，当R1收到R2发送的如下图(b)的(V,D)报文后，R1更新的四个路由表项中距离值从上到下依次为______。

目的网络	距离	路由
10.0.0.0	0	直接
20.0.0.0	5	R2
30.0.0.0	4	R3
40.0.0.0	3	R4

(a)

目的网络	距离
10.0.0.0	2
20.0.0.0	4
30.0.0.0	2
40.0.0.0	3

(b)

A) 0、4、2、3　　B) 0、4、3、3　　C) 0、5、3、3　　D) 0、5、3、4

(14) 下列关于 OSPF 协议分区的描述中,错误的是______。

A) OSPF 协议要求当链路状态发生变化时用洪泛法向全网路由器发送此信息

B) OSPF 每个路由器的链路状态数据库包含着本区域的拓扑结构信息

C) 每一个区域 OSPF 拥有一个 32 位的区域标识符

D) OSPF 划分区域能提高路由更新收敛速度

(15) 不同逻辑子网间通信必须使用的设备是______。

A) 二层交换机　　B) 三层交换机　　C) 网桥　　D) 集成器

(16) 下列关于综合布线部件的描述中,错误的是______。

A) 双绞线扭绞可以减少电磁干扰

B) 与 UTP 相比,STP 防止对外电磁辐射的能力更强

C) 多介质插座是用来连接 UTP 和 STP 的

D) 作为水平布线系统电缆时,UTP 电缆长度通常应该在 90 米以内

(17) 包含配置信息的配置 BPDU 数据包的长度不超过______。

A) 4 字节　　B) 15 字节　　C) 25 字节　　D) 35 字节

(18) Cisco Catalyst6500 交换机的 3/1 端口与一台其他厂商的交换机相连,并要求该端口工作在 VLAN Trunk 模式,这两台交换机的 trunk 端口都应封装的协议和 Cisco Catalyst6500 设置 Trunk 模式的正确配置语句是______。

A) ISL 和 set3/1trunk on isl　　B) ISL 和 set trunk3/1on isl

C) IEEE802. IQ 和 set trunk3/1 on dotlq　　D) IEEE802. IQ 和 set3/1trunk on dotlq

(19) 下列对 VTP 工作模式的描述中,错误的是______。

A) VTP Server 可将 VLAN 的配置信息传播到本区域内其他所有交换机

B) VTP Client 不能建立、删除和修改 VLAN 配置信息

C) VTP Transparent 不传播也不学习其他交换机的 VLAN 配置信息

D) 在一个 VTP 域内,可设多个 VIP Server、VIP Client 和 VIP Transparent

(20) 下列是优先级值相同的四台核心交换机的 MAC 地址,STP 根据这些地址确定的根交换机是______。

A) 00-d0-01-84-a7-e0　　B) 00-d0-02-85-a7-f0

C) 00-d0-03-86-a7-fa　　D) 00-d0-04-87-a7-fc

(21) 如下图所示,网络站点 A 发送数据包给站点 B,当 $R1$ 将数据包转发给 $R2$ 时,被转发数据包

中封装的目的 IP 地址和目的 MAC 地址是______。

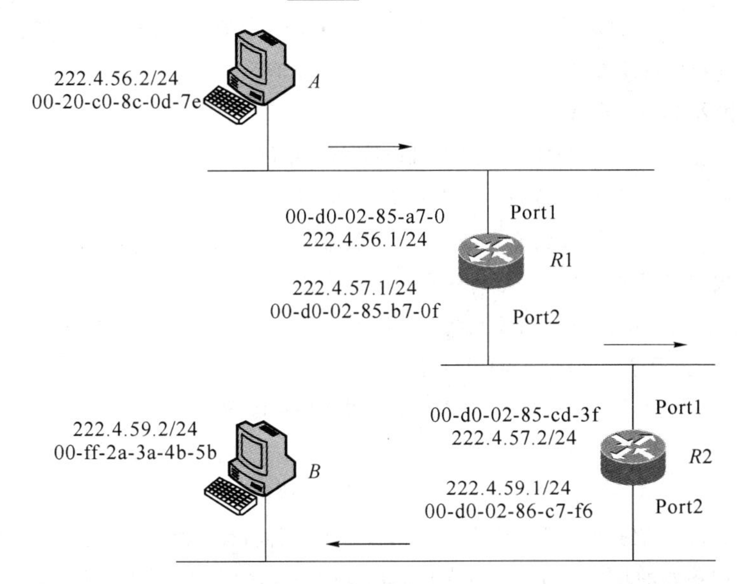

A) 222.2.57.2 00-d0-02-85-cd-3f　　B) 222.4.57.2 00-ff-2a-3a-4b-5b

C) 222.4.59.2 00-d0-02-85-cd-3f　　D) 222.4.59.2 00-ff-2a-3a-4b-5b

(22) Cisco 路由器存储当前使用的操作系统映像文件和一些微代码的内存是______。

A) ROM　　B) RAM　　C) Flash　　D) NVRAM

(23) 调整 DHCP 客户的地址租用时间为 3 小时 30 分，Cisco 路由器的正确配置语句是______。

A) lease 3 30　　B) lease 0 3 30　　C) lease 30 3 0　　D) lease 0 30 3

(24) 在 Cisco 路由器上，用扩展访问控制列表封禁 IP 地址为 211.102.33.24 的主机，正确的配置语句是______。

A) access-list 99 deny ip host 211.102.33.24 any
access-list 99 deny ip any host 211.102.33.24
access-list 99 permit ip any any

B) access-list 100 permit ip any any
access-list 100 deny ip host211.102.33.24 any
access-list 100 deny ip any host 211.102.33.24

C) access-list 199 deny ip host 211.102.33.24 any
access-list 199 deny ip any host 211.102.33.24
access-list 199 permit ip any any

D) access-list 166 deny ip host 211.102.33.24 any
access-list 166 permit ip any any

(25) 下列对 802.11b 无线局域网的多蜂窝漫游工作方式的描述中，错误的是______。

A) 在部署无线网络时，可以布置多个接入点构成一个微蜂窝系统

B) 微蜂窝系统允许一个用户在不同的接入点覆盖区域内任意漫游

C) 随着位置的变换，信号会由一个接入点自动切换到另外一个接入点

D) 无线结点漫游时始终保持数据传输速率为 11 Mbps

(26) 下列关于 802.11b 基本运行模式与接入点设备的描述中，错误的是______。

A) 无线与有线网络并存的通信方式属于基本运行模式

B) 无线接入点具有频道与结点漫游管理功能

C) 按基本模式配置，一个接入点最多可连接 256 台 PC

D) Aironet1100 系列接入点设备使用 Cisco IOS 操作系统

(27) 下列关于配置无线接入点 Aironet1100 的描述中，错误的是______。

A) 第一次配置无线接入点一般采用本地配置模式

B) 可使用以太网电缆将无线接入点与一台 PC 连接

C) 确认 PC 获得了 10.0.0.x 网段的地址

D) 在接入点汇总状态页面单击“SSID”命令进入快速配置页面

(28) 下列关于 Windows2003 系统 DNS 服务器安装、配置的描述中，错误的是______。

A) 默认情况下 Windows2003 系统没有安装 DNS 服务

B) 为方便 DNS 服务器配置，可以使用 DHCP 服务器动态分配 IP 地址

C) DNS 服务器的基本配置包括创建正向和反向查找区域、增加资源记录等

D) 在反向查找区域中可以手工增加主机的指针记录

(29) 下列关于 Windows2003 系统 DHCP 服务器安装、配置和使用的描述中，错误的是______。

A) 地址租约期限的最小可调整单位是分钟

B) 客户机的地址租约续订是由客户端软件自动完成的

C) 添加排除时必须输入起始 IP 地址和结束 IP 地址

D) 新建作用域后必须激活才可为客户机分配地址

(30) 下列关于 Windows2003 系统 Web 服务器安装、配置和使用的描述中，错误的是______。

A) 建立 Web 站点时必须为该站点指定一个主目录

B) 访问 Web 站点时必须使用站点的域名

C) 若 Web 站点未设置默认内容文档，访问站点时必须提供首页内容的文件名

D) Web 站点的性能选项包括影响宽带使用的属性和客户端 Web 连接的数量

(31) 下列关于 Serv_U FTP 服务器安装、配置和使用的描述中，错误的是______。

A) FTP 服务器可以设置最大上传速度

B) FTP 服务器的域创建完成后，客户端即可使用匿名用户访问

C) 对用户数大于 500 的域，将域存放在注册表中可提供更高的性能

D) 通过设置 IP 访问可以控制某些 IP 地址对 FTP 服务器的访问

(32) 若用户在 Winmail 邮件服务器注册的邮箱是 user@mail.xyz.com，则下列描述错误的是______。

A) 发送邮件给该用户时，发方邮件服务器使用 SMTP 协议发送邮件至 mail.xyz.com

B) 发送邮件给该用户时，收方邮件服务器根据 user 将收到的邮件存储在相应的信箱

C) Winmail 邮件服务器允许用户自行注册新邮箱

D) 建立邮件路由时，要在 DNS 服务器中建立邮件服务器主机记录

(33) Windows2003 对已备份文件在备份后不做标记的备份方法是______。

A) 正常备份　　B) 差异备份　　C) 增量备份　　D) 副本备份

(34) Cisco PIX525 防火墙用于实现内部和外部地址固定映射的配置命令是______。

A) nat　　B) static　　C) global　　D) fixup

(35) 下列关于入侵检测系统探测器获取网络流量的方法中,错误的是______。

A) 利用交换设备的镜像功能　　B) 在网络链路中串接一台分路器

C) 在网络链路中串接一台集线器　　D) 在网络链路中串接一台交换机

(36) 下列 Windows 命令中,可以用于检测本机配置的域名服务器是否工作正常的命令是______。

A) netstat　　B) tracert　　C) ipconfig　　D) nbtstat

(37) 在一台主机上用浏览器无法访问到域名为 www.pku.edu.cn 的网站,并且在这台主机上执行 ping 命令时有如下信息:

```
C:\>ping www.pku.edu.cn

Pinging www.pku.edu.cn [162.105.131.113] with 32 bytes of data:

Request timed out.
Request timed out.
Request timed out.
Request timed out.

Ping statistics for 162.105.131.113:
Packets:Sent = 4,Received = 0,Lost = 4 (100% loss)
```

分析以上信息,可以排除的故障原因是______。

A) 网络链路出现故障

B) 该计算机的浏览器工作不正常

C) 服务器 www.pku.edu.cn 工作不正常

D) 该计算机设置的 DNS 服务器工作不正常

(38) 攻击者无须伪造数据包中 IP 地址就可以实施的攻击是______。

A) DDos 攻击　　B) Land 攻击　　C) smurf 攻击　　D) SYN Flooding 攻击

(39) 下列工具中不能用作安全评估的是______。

A) ISS　　B) MBSA　　C) WSUS　　D) X-Scanner

(40) 下列关于恶意代码的描述中,错误的是______。

A) 木马能够通过网络完成自我复制

B) 电子图片中也可以携带恶意代码

C) JavaScript、VBScript 等脚本语言可被用于编写网络病毒

D) 蠕虫是一个独立程序,它不需要把自身附加在宿主程序上

二、综合题(每空 2 分,共 40 分)

请将每一个空的正确答案写在答题卡【1】~【20】序号的横线上,答在试卷上不得分。

1. 计算并填写下表:

IP 地址	121.175.21.9
子网掩码	255.192.0.0
地址类别	【1】
网络地址	【2】
直接广播地址	【3】
主机号	【4】
子网内的最后一个可用 IP 地址	【5】

2. 如图 1 所示，某校园网使用 10 Gbps 的 POS 技术与 CERNET 相连，POS 接口的帧格式使用 SDH。路由协议的选择方案是校园网采用 OSPF 动态路由协议，校园网与 CERNET 的连接使用静态路由协议。另外，还要求在路由器 R3 上配置一个 loopback 接口，接口的 IP 地址为 192.167.150.1。

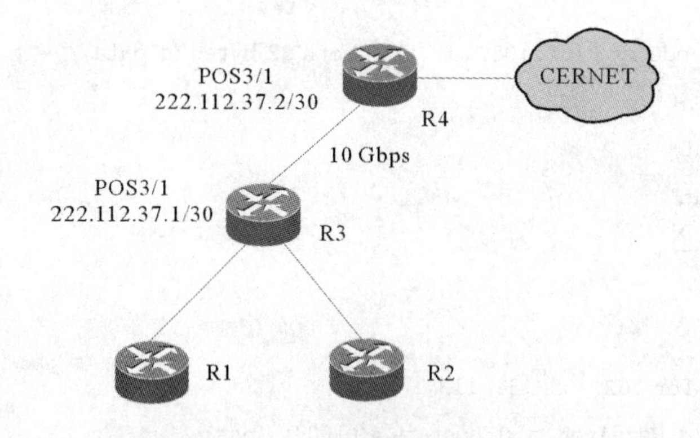

图 1　校园网连接图

请阅读以下 R3 的配置信息，并补充【6】～【10】空白处的配置命令或参数，按题目要求完成路由器的配置。

```
Router-R3＃configure teminal
Router-R3 (config)＃
Router-R3 (config)＃ineterface pos3/1
Router-R3 (config-if)＃description To CERNET
Router-R3 (config-if)＃bandwidth 【6】
Router-R3 (config-if)＃ip address 222.112.37.1 255.255.255.252
Router-R3 (config-if)＃crc 32
Router-R3 (config-if)＃ 【7】          配置帧格式
Router-R3 (config-if)＃no ip directed-broadcast
Router-R3 (config-if)＃pos flag sls0 2
Router-R3 (config-if)＃no shutdown
Router-R3 (config-if)＃exit
Router-R3 (config)＃interface loopback 0
Router-R3 (config-if)＃ip address 192.167.150.1 【8】
Router-R3 (config-if)＃no ip toute-cache
Router-R3 (config-if)＃no ip mroute-cache
```

```
Router-R3 (config-if) # exit
Router-R3 (config) # router ospf 63
Router-R3 (config-router) # metwork 163.112.0.0 【9】 area 0
Router-R3 (config-router) # redistribute connected metric-type 1 subnets
Router-R3 (config-router) # area 0 rang 167.112.0.0 【10】
Router-R3 (config-router) # exit
Router-R3 (config) #
Router-R3 (config) # ip route 0.0.0.0 0.0.0.0 222.112.37.2
Router-R3 (config) # exit
Router-R3 (config) # write
```

3. 如表1所示，在某DHCP客户机上捕获了6个报文，并对第5条报文进行了解析，请分析相关信息回答下列问题：

(1) 客户机获得的IP地址是__【11】__。

(2) 在DHCP服务中设置的DNS服务器地址是__【12】__，路由器地址是__【13】__。

(3) 若给DHCP客户机分配固定IP地址，则新建保留时输入的MAC地址是__【14】__。

(4) DHCP服务器的IP地址是__【15】__。

编号	源IP地址	目的IP地址	报文摘要
1	192.168.1.1	192.168.1.36	DHCP:Request,Type:DHCP release
2	0.0.0.0	255.255.255.255	DHCP:Request,Type:DHCP discover
3	192.168.1.36	255.255.255.255	DHCP:Reply, Type:DHCP offer
4	0.0.0.0	255.255.255.255	DHCP:Request,Type:DHCP request
5	192.168.1.36	255.255.255.255	DHCP:Reply,Type:DHCP ack
6	192.168.1.47	192.168.1.47	WINS:CID=33026 op=register name=xp

```
DHCP: -----DHCP Header-----
    DHCP: BOOT record type                    =2(Reply)
    .......
    DHCP: Client self-assigned address        =[0.0.0.0]
    DHCP: Client address                      =[192.168.1.1]
    DHCP: Next Server to use in bootstrap     =[0.0.0.0]
    DHCP: Relay Agent                         =[0.0.0.0]
    DHCP: Client hardware address             =000F1F52EFF6
    ......
    DHCP: Vendor Information tag              =63825363
    DHCP: Message Type                        =5(DHCP Ack)
    DHCP: Address renewel interval            =345600(seconds)
    DHCP: Address rebinding interval          =604800(seconds)
    DHCP: Request IP Address lease time       =691200(seconds)
    DHCP: Subnet mask                         =255.255.255.240
    DHCP: Gateway address                     =[192.168.1.100]
    DHCP: Domain Name Server address          =[202.106.46.151]
```

表1 在DHCP客户机上捕获的IP报文及相关分析

4. 图 2 是在某园区网出口上用 Sniffer 捕获的数据包。

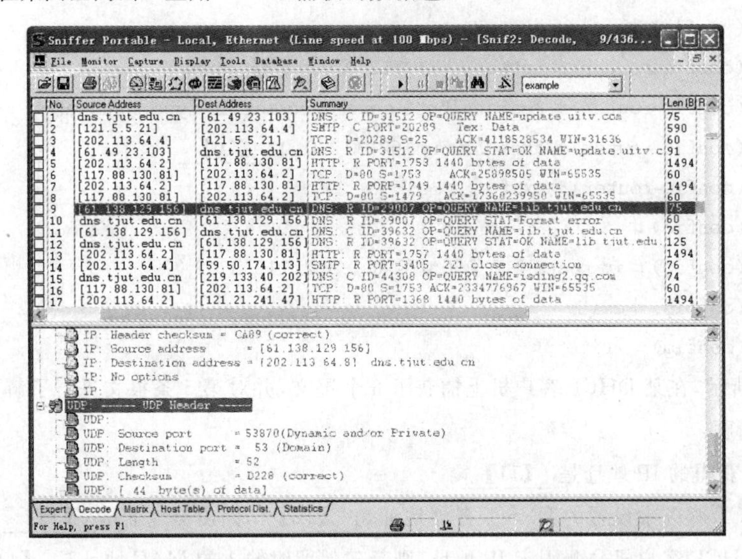

图 2

请根据图中信息回答下列问题。

(1) 该园区网 Web 服务器的 IP 地址是 【16】 ,服务器端口是 【17】 。

(2) 主机 59.50.174.113 的功能是 【18】 ,主机 61.49.23.103 的功能是 【19】 。

(3) 该园区网的域名是 【20】 。

三、应用题(共 20 分)

应用题必须用蓝、黑色钢笔或者圆珠笔写在答题纸的相应位置上,否则无效。

某网络结构如图 3 所示,图中网络设备均为 Cisco 设备,请回答以下问题。

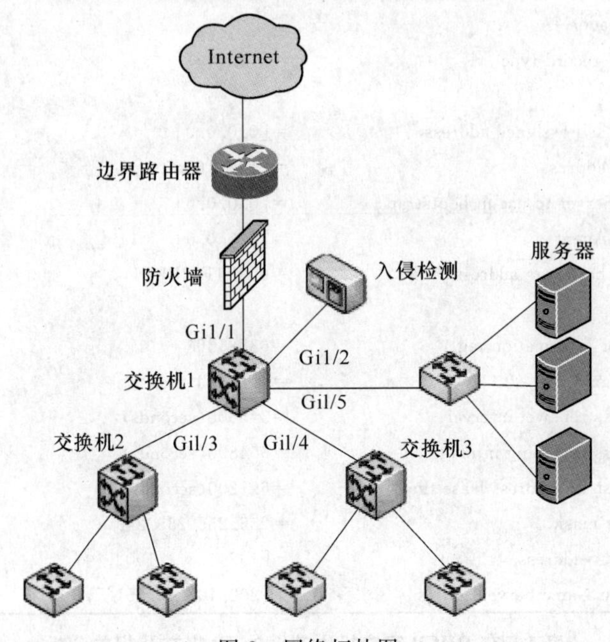

图 3 网络拓扑图

(1) 使用 59.67.148.64/26 划分 3 个子网，其中第一个子网能容纳 13 台主机，第二个子网能容纳 12 台主机，第三个子网容纳 30 台主机。请写出子网掩码、各子网网络地址及可用的 IP 地址段。(9 分)(注:按子网序号顺序分配网络地址)

(2) 如果入侵检测设备用于检测所有的访问图中服务器群的流量，请写出交换机 1 上被镜像的端口。(2 分)

(3) 如果在交换机 1 上定义了一个编号为 105 的访问控制列表，该列表用于过滤所有访问图中服务器群的 1434 端口的数据包，请写出该访问控制列表应用端口的控制命令。(4 分)

(4) 如果该网络使用动态地址分配的方法，请写出路由交换机上 DHCP IP 地址池的配置内容。(5 分)

★最新真题试卷

2008年9月全国计算机等级考试四级试卷

四级网络工程师

3

注意事项

一、考生应严格遵守考场规则，得到监考人员指令后方可作答。

二、考生拿到试卷后应首先将自己的姓名、准考证号等内容涂写在答题卡的相应位置上。

三、选择题答案必须用铅笔填涂在答题卡的相应位置上，填空题的答案必须用蓝、黑色钢笔或圆珠笔写在答题卡的相应位置上，答案写在试卷上无效。

四、注意字迹清楚，保持卷面整洁。

五、考试结束将试卷和答题卡放在桌上，不得带走。待监考人员收毕清点后，方可离场。

2008年9月全国计算机等级考试四级试卷
四级网络工程师

（考试时间120分钟，满分100分）

一、选择题（每小题1分，共40分）

下列各题A)B)C)D)四个选项中，只有一个选项是正确的，请将正确的选项涂写在答题卡相应位置上，答在试卷上不得分。

(1) 下列关于宽带城域网汇聚层基本功能的描述中，错误的是______。

A) 汇接接入层的用户流量，进行数据转发和交换

B) 根据接入层的用户流量，进行流量均衡、安全控制等处理

C) 提供用户访问Internet所需要的路由服务

D) 根据处理结果把用户流量转发到核心交换层

(2) 下列关于光以太网技术特征的描述中，错误的是______。

A) 能够根据用户的需求分配带宽

B) 以信元为单位传输数据

C) 具有保护用户和网络资源安全的认证与授权功能

D) 提供分级的QoS服务

(3) 下列关于RPR技术的描述中，错误的是______。

A) RPR能够在30 ms内隔离出现故障的结点和光纤段

B) RPR环中每一个结点都执行SRP公平算法

C) 两个RPR结点之间的裸光纤最大长度为100 km

D) RPR的内环与外环都可以传输数据分组与控制分组

(4) Cable Modem上行速率在______。

A) 64～200 kbps　　B) 200 kbps～10 Mbps

C) 10～20 Mbps　　D) 20～36 Mbps

(5) 下列关于路由器技术指标的描述中，错误的是______。

A) 路由器的包转发能力与端口数量、端口速率、包长度和包类型有关

B) 高性能路由器一般采用共享背板的结构

C) 丢包率是衡量路由器超负荷工作能力的指标之一

D) 路由器的服务质量主要表现在队列管理机制与支持的QoS协议类型上

(6) 一台交换机具有48个10/100 Mbps端口和2个100 Mbps端口，如果所有端口都工作在全双

工状态，那么交换机总带宽应为______。

A）8.8 Gbps　B）12.8 Gbps　C）13.6 Gbps　D）24.8 Gbps

（7）若服务器系统可用性达到99.99%，那么每年的停机时间必须小于______。

A）4 分钟　B）10 分钟　C）53 分钟　D）106 分钟

（8）IP 地址块 192.168.15.136/29 的子网掩码可写为______。

A）255.255.255.192　B）255.255.255.224

C）255.255.255.240　D）255.255.255.248

（9）下图是网络地址转换 NAT 的一个实例。

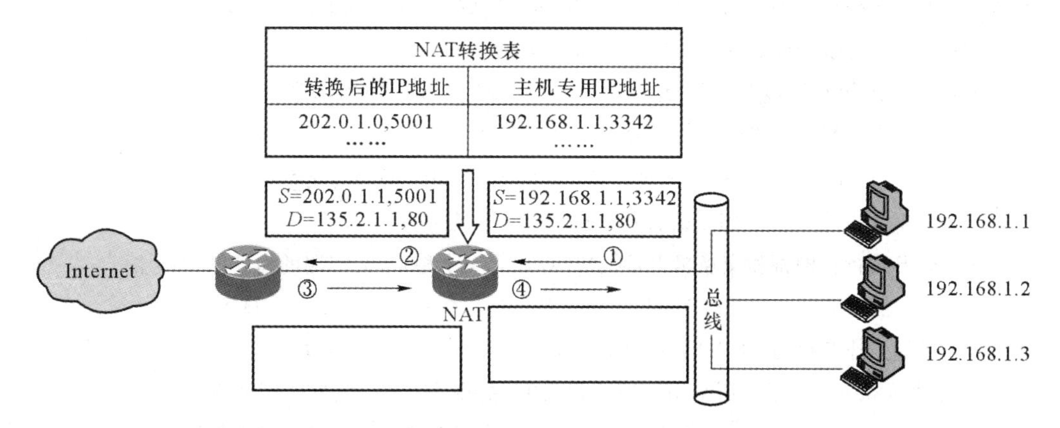

根据图中信息，标号为④的方格中的内容应为______。

A）S=135.2.1.1,80
D=202.0.1.1,5001

B）S=135.2.1.1,80
D=192.168.1.1,3342

C）S=135.2.1.1,5001
D=135.2.1.1,80

D）D=192.168.1.1,3342
S=135.2.1.1,80

（10）某企业分配给产品部的 IP 地址块为 192.168.31.192/26，分配给市场部的 IP 地址块为 192.168.31.160/27，分配给财务部的 IP 地址块为 192.168.31.128/27，那么这三个地址块经过聚合后的地址为______。

A）192.168.31.0/25　B）192.168.31.0/26

C）192.168.31.128/25　D）192.168.31.128/26

（11）下列对 IPv6 地址 FF60:0:0:0601:BC:0:0:05D7 的简化表示中，错误的是______。

A）FF60::601:BC:0:0:05D7　B）FF60::601:BC::05D7

C）FF60:0:0:601:BC::05D7　D）FF60:0:0:0601:BC::05D7

（12）下列关于外部网关协议 BGP 的描述中，错误的是______。

A）BGP 是不同自治系统的路由器之间交换路由信息的协议

B）一个 BGP 发言人使用 UDP 与其他自治系统中的 BGP 发言人交换路由信息

C）BGP 协议交换路由信息的结点数是以自治系统数为单位的

D）BGP-4 采用路由向量协议

（13）R1、R2 是一个自治系统中采用 RIP 路由协议的两个相邻路由器，R1 的路由表如下图(a)所示，当 R1 收到 R2 发送的如下图(b)的(V,D)报文后，R1 更新的三个路由表项中距离值从上到下依次为______。

目的网络	距离	路由
10.0.0.0	0	直接
20.0.0.0	7	R2
30.0.0.0	4	R2

(a)

目的网络	距离
10.0.0.0	3
20.0.0.0	4
30.0.0.0	4

(b)

A) 0、4、3　　B) 0、4、4　　C) 0、5、3　　D) 0、5、4

(14) 下列关于 OSPF 协议的描述中，错误的是______。

A) 对于规模很大的网络，OSPF 通过划分区域来提高路由更新收敛速度

B) 每一个区域 OSPF 拥有一个 30 位的区域标示符

C) 在一个 OSPF 区域内部的路由器可以知道其他区域的网络拓扑

D) 在一个区域内的路由器数一般不超过 200 个

(15) 下列关于 IEEE 802.1D 生成树协议(STP)的描述中，错误的是______。

A) STP 是一个数据链路层的管理协议

B) STP 运行在网桥和交换机上，通过计算建立一个稳定、无回路的树状结构网络

C) 网桥协议数据单元 BPDU 携有 Root ID、Root Pass Cost、Bridge ID 等信息

D) 通知拓扑变化的 BPDU 长度不超过 35 B

(16) 在建筑群布线子系统所采用的铺设方式中，能够对线缆提供最佳保护的方式是______。

A) 巷道布线　　B) 架空布线　　C) 直埋布线　　D) 地下管道布线

(17) 对于还没有配置设备管理地址的交换机，应采用的配置方式是______。

A) Console　　B) Telnet　　C) TFTP　　D) IE

(18) 下列关于 VLAN 标示的描述中，错误的是______。

A) VLAN 通常采用 VLAN 号与 VLAN 名来标示

B) IEEE 802.1Q 标准规定 VLAN 号用 32 位表示

C) 以太网的 VLAN 号范围为 1～1 000

D) 默认 VLAN 名根据 VLAN 号生成

(19) 一台交换机的生成树优先级是 12 288，若要将优先级提高一级，那么优先级的值应该设定为______。

A) 4 096　　B) 8 192　　C) 10 240　　D) 16 384

(20) 两台交换机相连，要求两个端口工作在全双工通信方式下。若端口的通信方式为默认的 duplex auto 时，有时会出现大量丢包现象。这时，需要重新配置端口的通信方式，其正确的配置语句是______。

A) duplex full　duplex half　　B) duplex half　duplex full

C) duplex half　duplex half　　D) duplex full　duplex full

(21) 如果要在路由器的某端口上过滤所有端口号为 1434 的 UDP 数据包，那么使用的 access-list 命令是______。

A) access-list 100 deny udp any any lt 1434

B) access-list 100 deny udp any any gt 1434

C) access-list 100 deny udp any any eq 1434

D) access-list 100 deny udp any any neq 1434

(22) 在配置路由器远程登录口令时，路由器必须进入的工作模式是______。

A) 特权模式　B) 用户模式　C) 接口配置模式　D) 虚拟终端配置模式

(23) 在 Cisco 路由器上用 write memory 命令可以将路由的配置保存到______。

A) TFTP Server　B) Flash Memory　C) NVRAM　D) RAM

(24) 下面是某路由器的 DHCP 配置信息______。

```
ip dhcp excluded-address 182.105.246.2 182.105.246.10
!
ip dhcp poll 246
    network 182.105.246.0 255.255.255.0
    default-router 182.105.246.1
    domain-name pku.edu.cn
    dns-server 182.105.129.26 182.105.129.27 222.112.7.13
    lease 0 5
```

根据上述信息，DHCP 客户端不可能从服务器获得的 IP 地址是______。

A) 182.105.246.5　B) 182.105.246.11

C) 182.105.246.192　D) 182.105.246.254

(25) 用无限局域网技术连接两栋楼的网络，要求两栋楼内的所有网络结点都在同一个逻辑网络，应选用的无线设备是______。

A) 路由器　B) AP　C) 无线网桥　D) 无线路由器

(26) 采用本地配置方式对 Cisco Aironet 1100 进行初次配置时，在浏览器的地址栏中应输入的 IP 地址是______。

A) 10.0.0.1　B) 127.0.0.1　C) 172.16.0.1　D) 192.168.0.1

(27) 在安装和配置无线接入点时，不需要向网络管理员询问的信息是______。

A) 系统名

B) 对大小写敏感的服务集标示

C) ISP 地址

D) 接入点与 PC 不在同一个子网时的子网掩码与默认网关

(28) 下列关于 Windows 2003 系统 DNS 安装、配置与测试方法的描述中，错误的是______。

A) Internet 根 DNS 服务器在安装时需要手动加入到系统中

B) DNS 服务器的基本配置包括正向查找区域、反向查找区域与资源记录的创建

C) 主机资源记录的生存默认值是 3 600 秒

D) 通过 DNS 服务器属性对话框可以对 DNS 服务器进行简单测试与递归查询测试

(29) 下列关于 DHCP 服务器与 DHCP 客户机的交互过程中，错误的是______。

A) DHCP 客户机广播“DHCP 发现”消息时使用的源 IP 地址是 127.0.0.1

B) DHCP 服务器收到“DHCP 发现”消息后，就向网络中广播“DHCP 供给”信息

C) DHCP 客户机收到“DHCP 供给”消息后向 DHCP 服务器请求提供 IP 地址

D) DHCP 服务器广播“DHCP 确认”消息，将 IP 地址分配给 DHCP 客户机

(30) 下列关于 Winmail 邮件服务器安装、配置方法的描述中，错误的是______。

A) 在快速设置向导中，可以输入用户名、域名与用户密码

B) Winmail 邮件管理工具包括系统设置、域名设置与垃圾邮件过滤等

C) 在用户和组管理界面中可以进行增删用户、修改用户配置等

D) 在域名设置界面中可以增删域和修改域参数

(31) 在 Windows 2003 中使用 IIS 建立 Web 站点设置选项时不属于性能选项的是______。

A) 带宽限制　　B) 客户 Web 连接数量不受限制

C) 连接超时时间限制　　D) 客户 Web 连接数量受限制

(32) 下列选项中，不是 Serv-U FTP 服务器常规选项的是______。

A) 最大上传速度　B) 最大下载速度　C) 最大用户数　D) 最大文件长度

(33) 常用的数据备份方式包括完全备份、增量备份和差异备份，三种方式在空间使用方面由多到少的顺序为______。

A) 完全备份、增量备份、差异备份　　B) 完全备份、差异备份、增量备份

C) 增量备份、差异备份、完全备份　　D) 差异备份、增量备份、完全备份

(34) 如果一台 Cisco PIX525 防火墙有如下配置：

```
Pix525(config)＃nameif ethernet0 outside security VLAN1
Pix525(config)＃nameif ethernet1 inside security VLAN2
Pix525(config)＃nameif ethernet2 DMZ security VLAN3
```

那么通常 VLAN1、VLAN2、VLAN3 的取值分别是______。

A) 0、50、100　B) 0、100、50　C) 100、0、50　D) 100、50、0

(35) 应用入侵防护系统(AIPS)一般部署在______。

A) 受保护的应用服务器前端　　B) 受保护的应用服务器中

C) 受保护的应用服务器后端　　D) 网络的出口处

(36) 下列关于常见网络版防病毒系统的描述中，错误的是______。

A) 管理控制台既可以安装在服务器端，也可以安装在客户端

B) 客户端的安装可以采用脚本登录安装方式

C) 系统的升级可以采用从网站上下载升级包后进行手动升级的方式

D) 系统的数据通信端口是固定的

(37) 在 Windows 2003 中，用于显示域列表、计算机列表的 DOS 命令是______。

A) nbtstat -a　B) ipconfig/all　C) netstat -a　D) net view

(38) 在一台主机上用浏览器无法访问到域名为 www. sun. com 的网站，并且在这台主机上执行 tracert 命令时有如下信息：

```
Tracing route to www.sun.com[72.5.124.61]
over a maximum of 30 hops:
1  <1 ms  <1 ms  <1 ms  202.113.64.129
2  202.113.64.129 reports:Destination net unreachable
   Trace complete
```

分析以上信息，会造成这种现象的原因是______。

A）该计算机 IP 地址设置有误　　B）该计算机设置的 DNS 服务器工作不正常

C）相关路由器上进行了访问控制　　D）服务器 www. sun. com 工作不正常

（39）攻击者使用无效的 IP 地址，利用 TCP 连接的三次握手过程，使得受害主机处于开放会话的请求之中，直至连接超时。在此期间，受害主机将会连续接受这种会话请求，最终因耗尽资源而停止响应。这种攻击被称为______。

A）SYN Flooding 攻击　　B）DDoS 攻击

C）Smurf 攻击　　D）Land 攻击

（40）在 Cisco 路由器上进行 SNMP 设置时，如果指定当一个接口断开或连接时向管理站发出通知，那么在该接口的配置模式下正确的配置命令是______。

A）snmp-server enable traps　　B）snmp-server enable informs

C）snmp trap link-status　　D）snmp enable informs

二、综合题（每空 2 分，共 40 分）

请将每一个空的正确答案写在答题卡【1】～【20】序号的横线上，答在试卷上不得分。

1. 计算并填写下表。

IP 地址	124.196.27.59
子网掩码	255.224.0.0
地址类别	【1】
网络地址	【2】
直接广播地址	【3】
主机号	【4】
子网内的最后一个可用 IP 地址	【5】

2. 某单位的办公网和商务网通过路由器 R1、R2、R3 与 Internet 相连，网络连接和 IP 地址分配如图 1 所示。该单位要求通过 RIP 路由协议使办公网和商务网之间能够互相通信，并正常访问 Internet。

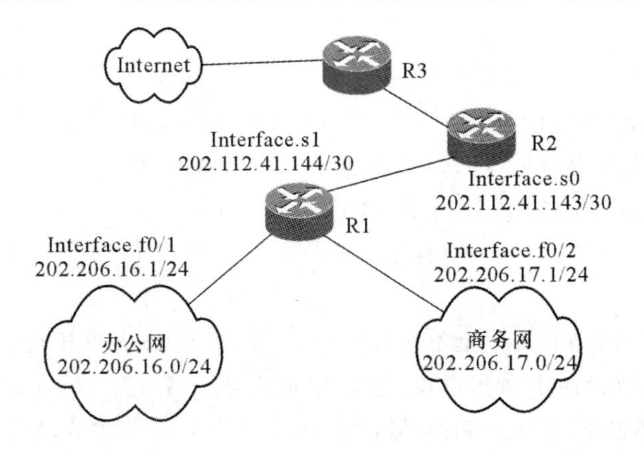

图 1　网络连接示意图

请阅读以下 R1 的配置信息，并补充【6】～【10】空白处的配置命令或参数。按题目要求完成 *R*1 的正确配置。

```
Router>enable
Router#
Router#configure terminal
Router(config)#
Router(config)# hostname R1
R1(config)# interface Fo/1
R1(config-if)# ip address 202.206.16.1255.255.255.0
R1(config-if)# no shutdown
R1(config-if)# interface f0/2
R1(config-if)# ip address 202.206.17.1255.255.255.0
R1(config-if)# no shutdown
R1(config-if)# exit
R1(config-if)#
R1(config-if)# interface s1
R1(config-if)# ip address202.112.41.144 255.255.255.252
R1(config-if)# bandwidth 【7】        配置带宽为 2.048 Mbps
R1(config-if)# 【8】 ppp             封装 ppp 协议
R1(config-if)# no shutdown
R1(config-if)# exit
R1(config-if)# ip route 【9】        配置缺省路由
R1(config-if)# routenrip
R1(config-if)# network 【10】        配置参与 PIP 的网络
R1(config-if)# network 【11】        配置参与 PIP 的网络
R1(config-if)#end
R1#write
R1#
```

3. 某部门网络管理员使用 DHCP 服务器对公司内部主机的 IP 地址进行管理，已知：

1）该公司共有 40 个可用 IP 地址为 202.112.11.11～202.112.11.50；

2）DHCP 服务器选用 Windows 2003 操作系统，其 IP 地址为 202.112.11.11；

3）连接该子网络路由器端口的 IP 地址为 202.112.11.12；

4）DHCP 客户机使用 Windows XP 操作系统。

请问答下列问题：

（1）配置 DHCP 服务器作用域时，起始 IP 地址输入 202.112.11.11，结束 IP 地址输入 202.112.11.50，长度域输入的数值为 26。在设置“添加排除”时，起始 IP 地址应为 __【11】__，结束 IP 地址应为 __【12】__。

（2）DHCP 服务器已经获得地址租约，但 ping www.bupt.edu.cn 失败，与 DHCP 服务器配置有关的原因是 __【13】__。

（3）在 DHCP 服务器给客户机分配地址租约后，是否可以主动收回地址租约？ __【14】__（注：请填写“是”或“否”）

(4) 在 Windows 2003 server 中,DHCP 服务器默认租约期限是 __【15】__ 天。

4. 图 2 是在一台主机上用 Sniffer 捕获的数据包,其中数据包标号(NO.)为“7”的条目的条目中“Summay”栏中的部分信息被隐去。

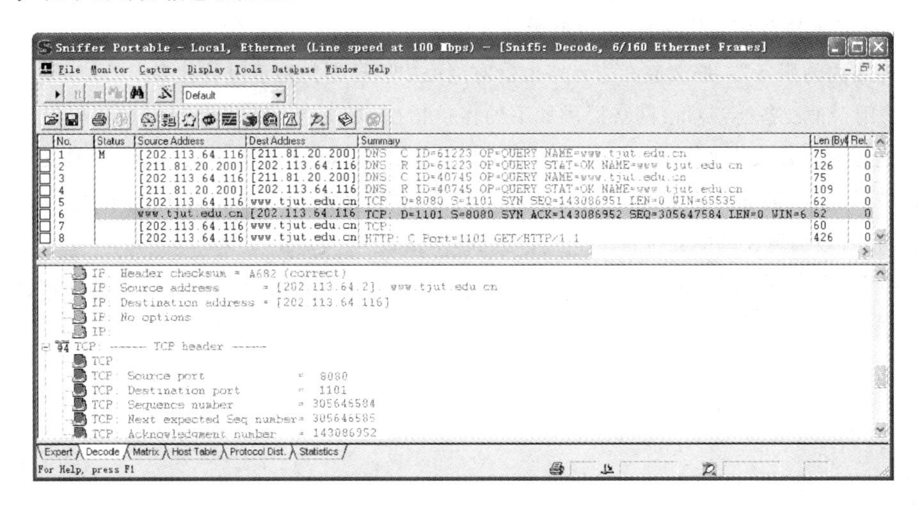

图 2 Sniffer 捕获的数据包

请根据显示的信息回答下列的问题。

(1) 该主机正在访问的 www 服务器的 IP 地址是 __【16】__ 。

(2) 根据图中“No.”栏中标号,表示 TCP 连接三次握手过程开始的数据包标号是 __【17】__ 。

(3) 标号为“7”的数据包的源端口应为 __【18】__ ,该数据包 TCP Flag 的 ACK 位应为 __【19】__ 。

(4) 标号为“7”的数据包“Summary”栏中被隐去的信息中包括 ACK 的值,这个值应为 __【20】__ 。

三、应用题(共 20 分)

应用题必须用蓝、黑色钢笔或者圆珠笔写在答题纸的相应位置上,否则无效。

某网络结构如图 3 所示,请回答以下问题。

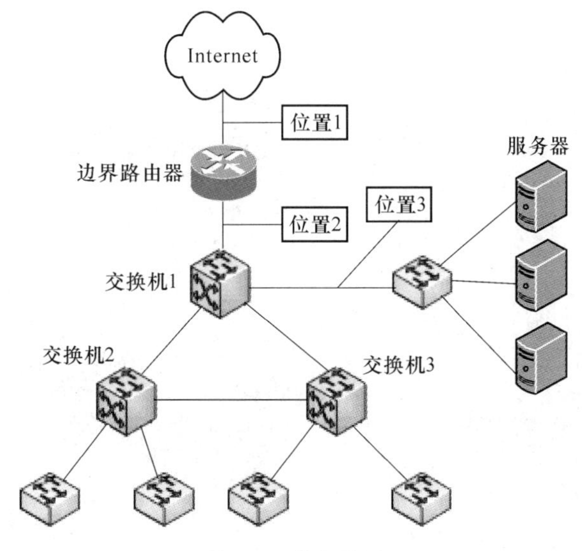

图 3 网络拓扑图

(1) 使用 192.168.1.192/26 划分 3 个子网,其中第一个子网能容纳 25 台主机,另外两个子网分别能容纳 10 台主机,请写出子网掩码、各子网网络地址及可用的 IP 地址段。(9 分)(注:请按子网序号顺序分配网络地址)

(2) 如果该网络使用上述地址,边界路由器上应该具有什么功能?(2 分)如果为了保证外网能够访问到该网络内的服务器,那么应在边界路由器对网络中服务器的地址进行什么样的处理?(2 分)

(3) 采用一种设备能够对该网络提供如下的保护措施:数据包进入网络时将被进行过滤检测,并确定此包是否包含有威胁网络安全的特征。如果检测到一个恶意的数据包时,系统不但发出警报,还将采取响应措施(如丢弃含有攻击性的数据包或阻断连接)阻断攻击。请写出这种设备的名称。(2 分)这种设备应该部署在图中的位置 1～位置 3 的哪个位置上?(2 分)

(4) 如果该网络采用 Windows 2003 域用户管理功能来实现网络资源的访问控制,那么域用户信息存在区域控制器的哪个部分?(3 分)

全国计算机等级考试四级超级模拟试卷一

四级网络工程师

1

注意事项

一、考生应严格遵守考场规则，得到监考人员指令后方可作答。

二、考生拿到试卷后应首先将自己的姓名、准考证号等内容涂写在答题卡的相应位置上。

三、选择题答案必须用铅笔填涂在答题卡的相应位置上，填空题的答案必须用蓝、黑色钢笔或圆珠笔写在答题卡的相应位置上，答案写在试卷上无效。

四、注意字迹清楚，保持卷面整洁。

五、考试结束将试卷和答题卡放在桌上，不得带走。待监考人员收毕清点后，方可离场。

全国计算机等级考试四级超级模拟试卷一
四级网络工程师

(考试时间 120 分钟,满分 100 分)

一、选择题(每小题 1 分,共 40 分)

(1) 在以下关于组建可运营宽带城域网遵循的可管理性原则的描述中,说法错误的是______。

A) 为用户提供带宽保证,实现流量工程,提供个性化用户策略的 QoS 保证

B) 提供根据使用时间、流量等多种方式的计费手段,支持对固定用户和流动用户的计费

C) 必须注意宽带城域网组网的灵活性,对新业务与网络规模、用户规模扩展的适应性

D) 提供对用户的开户、销户和用户权限保护等电信级接入管理

(2) 宽带城域网的用户管理主要包括用户认证、接入管理和______。

A) QoS 管理　B) IP 地址管理　C) 计费管理　D) 可扩展管理

(3) 弹性分组环(RPR)的______的方法传输 IP 数据分组和控制分组。

A) 内环采用同步复用、外环采用统计复用

B) 内环采用统计复用、外环采用同步复用

C) 内环和外环均采用频分复用

D) 内环和外环均采用统计复用

(4) 以下不属于 IEEE802.11 定义的技术是______。

A) 红外技术　B) 蓝牙技术　C) 直序扩频技术　D) 跳频扩频技术

(5) 基于 TCP/IP 协议簇的网络体系结构设计保证了系统的______。

A) 先进性　B) 开放性　C) 实用性　D) 安全性

(6) 通常,核心层网络要承担整个网络流量的______。

A) 30%~50%　B) 40%~60%　C) 50%~70%　D) 60%~80%

(7) 根据整体设计的原则,网络系统安全必须安全防护机制、安全检测机制和______。

A) 安全备份机制　B) 安全容灾机制　C) 安全热备机制　D) 安全恢复机制

(8) 有某个 C 类地址块 192.168.10.0,如果需要将其划分成若干个子网,每个子网最多可供分配的主机数为 13 台,则以下符合该管理要求的子网掩码是______。

A) 255.255.255.192　B) 255.255.255.224

C) 255.255.255.240　D) 255.255.255.248

(9) IP 地址 196.186.0.255 是______。

A) "这个网络上的特定主机"地址　B) 会送地址

C）直接广播地址　　　　　　　　　　D）受限广播地址

(10) 对 IPv6 地址空间结构与地址基本表示方法进行定义的文件是______。

A）RFC1812　　B）RFC1519　　C）RFC2373　　D）RFC3022

(11) 无类域间路由(CIDR)技术在以下哪个文件中进行了定义______。

A）RFC2373　　B）RFC1812　　C）RFC1519　　D）RFC2993

(12) 下列关于路由选择算法主要参数的描述中，错误的是______。

A）延时是指一个分组从源结点到达目的结点所花费的时间

B）负载是指单位时间内通过路由器或线路的通信量

C）开销是指传输过程中的耗费，耗费通常与所使用的链路带宽相关

D）跳数是指一个分组从源结点到达目的结点经过的路由器的端口个数

(13) 某路由器的路由表如下表，经过 CIDR 路由汇聚后，该路由表的条目变为______。

目标网络	下一跳地址	输出端口	目标网络	下一跳地址	输出端口
172.16.63.0/28	172.16.63.241	S0	172.16.1.0/24	172.16.63.241	S0
172.16.63.16/28	172.16.63.246	S1	172.16.57.0/24	172.16.63.246	S1
172.16.63.240/30	—	S0	172.16.2.0/24	172.16.63.241	S0
172.16.63.244/30	—	S1	172.16.58.0/24	172.16.63.246	S1
172.16.0.0/24	172.16.63.241	S0	172.16.3.0/24	172.16.63.241	S0
172.16.56.0/24	172.16.63.246	S1	172.16.59.0/24	172.16.63.246	S1

A）2　　B）4　　C）6　　D）8

(14) 下列关于 OSPF 协议路由器的初始化过程的描述中，错误的是______。

A）当路由器刚开始工作时，只能通过问候分组得知它有哪些相邻的路由器在工作，以及将数据发往相邻路由器所需的“费用”

B）所有的路由器都把自己的本地链路状态信息对全网进行广播，各路由器将这些链路状态信息综合起来就可得到链路状态数据库

C）摘要信息主要用于指出有哪些路由器的链路状态信息已经写入了数据库

D）链路状态请求分组用于向对方请求发送自己所缺少的某些链路状态项目的详细信息

(15) 以下关于局域网交换机技术特征的描述中正确的是______。

A）局域网交换机建立和维护一个表示源 MAC 地址与交换机端口对应关系的交换表

B）局域网交换机根据进入端口数据帧中的 MAC 地址，转发数据帧

C）局域网交换机工作在数据链路层和网络层，是一种典型的网络互联设备

D）局域网交换机在发送结点所在的交换机端口(源端口)和接收结点所在的交换机端口(目的端口)之间建立虚连接

(16) 配置 VLAN 有多种方法，下面不是配置 VLAN 方法的是______。

A）把交换机端口指定给某个 VLAN　　B）把 MAC 地址指定给某个 VLAN

C）根据路由设备来划分 VLAN　　D）根据上层协议来划分 VLAN

(17) 下面关于 VLAN 的语句中，正确的是______。

A）虚拟局域网中继协议 VTP 用于在路由器之间交换不同 VLAN 的信息

B) 为抑制广播风暴，不同的 VLAN 之间必须用网桥分割

C) 交换机的初始状态是工作在 VTP 服务器模式，这样可以把配置信息广播给其他交换机

D) 一台计算机可以属于多个 VLAN，即它可以访问多个 VLAN，也可以被多个 VLAN 访问

(18) 以下的选项中，不是使用浏览器对交换机进行配置的必备条件是______。

A) 在用于配置的计算机和被管理的交换机上都已经配置好 IP 地址

B) 被管理交换机必须支持 HTTP 服务，并已启动该服务

C) 在用于管理的计算机上，必须安装有支持 Java 的 Web 浏览器

D) 在被管理的交换机上，需拥有 IP 的用户账户和密码

(19) 以下关于 STP 的描述中错误的是______。

A) STP 是一个二层链路管理协议。目前应用最广泛的 STP 标准是 IEEE802.1D

B) 在 STP 工作过程中，被阻塞的端口不是一个激活的端口

C) STP 运行在交换机和网桥设备上

D) 在 STP 的处理过程中，交换机和网桥是有区别的

(20) 命令“spanning-tree vlan ＜vlan＞”的功能是______。

A) Catalyst 3500 系统下启用 STP

B) Catalyst 6500 系统下启用 STP

C) Catalyst 3500 系统下配置生成树优先级

D) 上述说法都不对

(21) 路由器工作在______。

A) 物理层　　B) 数据链路层　　C) 传输层　　D) 网络层

(22) 以下不是路由器配置超级用户口令的命令的是______。

A) Route(config)＃en able password 7 phy123

B) Route(config)＃enable secret phy123

C) Route(config)＃ enable password phy123

D) Route(config-line)＃Password 7 zzz307

(23) 网络连接如下图所示，要使计算机能访问到服务器，在路由器 R1 中配置路由表的命令是______。

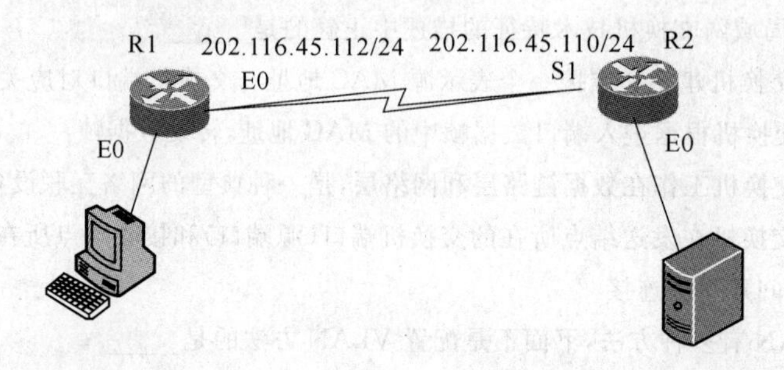

A) R1(config)＃ip host R2 202.116.45.110

B) R1(config)＃ip network 202.16.7.0 255.255.255.0

C) R1(config)＃ip host R2 202.116.45.0 255.255.255.0

D) R1(config)＃ip route 201.16.7.0 255.255.255.0 202.116.45.110

(24) 以下的访问控制列表中，______禁止所有 Telnet 访问子网 10.10.1.0/24。

A) access—list 15 deny telnet any 10.10.1.0 0.0.0.255 eq 23

B) access—list 115 deny udp any 10.10.1.0 eq 23

C) access—list 115 deny tcp any 10.10.1.0 0.0.0.255 eq 23

D) access—list 15 deny udp any 10.10.1.0 0.0.0.255 eq 23

(25) IEEE802.11 定义了无线局域网的两种工作模式，其中的______模式是一种点对点连接的网络，不需要无线接入点和有线网络的支持，用无线网卡连接的设备之间可以直接通信。

A) Roaming B) Ad Hoc C) Infrastructure D) DiffuseIR

(26) 以下关于 Aironet 1100 系列接入点的描述中，错误的是______。

A) Aironet 1100 系列接入点主要用于独立无线网络的中心点或无线网络和有线网络之间的连接点

B) 它主要为企业办公环境而设计，兼容 IEEE802.11b 和 IEEE802.16

C) 它工作在 2.4 GHz 频段

D) 它使用 Cisco 公司的 IOS 操作系统

(27) 以下关于配置无线接入点的描述中，错误的是______。

A) 当为无线接入点加电时，接入点会自动运行加电程序

B) 第一次配置无线接入点，需要将无线接入点连接到一个有线的网络中

C) SSID 是区分大小写的

D) 无线接入点的默认 IP 地址是 10.0.0.1

(28) 在 Windows 2003 的 cmd 命令窗口输入______命令可查看 DNS 服务器的 IP 地址。

A) DNSServe B) nslookup C) DNSconfig D) msconfig

(29) 以下关于动态主机配置协议(DHCP)技术特征的描述中，错误的是______。

A) DHCP 是一种用于简化主机 IP 地址配置管理的协议

B) 在使用 DHCP 时，网络上至少有一台 Windows 2003 服务器上安装并配置了 DHCP 范围，其他要使用 DHCP 范围的客户必须配置 IP 地址

C) DHCP 服务器可以为网络上启用了 DHCP 范围的客户端管理动态 IP 地址分配和其他相关环境配置工作

D) DHCP 降低了重新配置计算机的难度，减少了管理工作量

(30) WWW 服务器结构中，浏览器与服务器之间传输信息的协议是______。

A) TCP B) FTP C) E-mail D) HTTP

(31) FTP 服务器文件传送协议(FTP)______用户从服务器上获取文件副本并下载到本地计算机上，______将本地计算机上一个文件上传到服务器。

A) 允许；不允许 B) 不允许；允许 C) 允许；允许 D) 不允许；不允许

(32) 电子邮件系统是 Internet 上最重要的网络应用之一。电子邮件系统的核心是______。

A) 邮件客户端 B) 邮件服务器

C) 邮件服务器管理工具 D) 邮件服务器协议

(33) 下面关于数据备份说法错误的是______。

A) 从备份模式可以分为完全备份、增量备份和差异备份

B) 根据备份服务器在备份过程中是否可以接收用户响应和数据更新，又可以分为离线备份和在线备份

C) 逻辑备份也称为“基于文件的备份”

D) 物理备份也称为“基于块的备份”或“基于设备的备份”

(34) 某 PIX 525 防火墙有如下配置命令，该命令的正确解释是______。

firewall(config) # static (inside,outside) 61.144.51.43 192.168.0.8

A) 地址为 61.144.51.43 的外网主机访问内网时，地址静态转换为 192.168.0.8

B) 地址为 61.144.51.43 的内网主机访问外网时，地址静态转换为 192.168.0.8

C) 地址为 192.168.0.8 的外网主机访问外网时，地址静态转换为 61.144.51.43

D) 地址为 192.168.0.8 的内网主机访问外网时，地址静态转换为 61.144.51.43

(35) 实现包过滤的关键是制定______规则。

A) 包核实　B) 包转发　C) 包丢弃　D) 包过滤

(36) 不能有效提高系统的病毒防治能力的措施是______。

A) 定期备份数据文件　B) 安装、升级杀毒软件

C) 下载安装系统补丁　D) 不要轻易打开来历不明的电子邮件

(37) IP 数据包在传输过程中如遇到一些差错与故障，一般会向源主机发送______消息。

A) CMOT　B) CMIP　C) ICMP　D) SNMP

(38) ICMP 报文封装在______协议数据单元中传送，在网络中起着差错和拥塞控制的作用。常用的 ping 程序中使用了回送请求/应答报文，以探侧目标主机是否可以到达。

A) PPP　B) UDP　C) RIP　D) IP

(39)计算机的漏洞是______。

A) 可以完全修补的　B) 每个系统不可能避免的

C) 只要设计严密就不会出现　D) 只要掩饰好黑客一般不会发现

(40) SNMPv2 定义的 Gauge32 的特性是______。

A) 单增归零　B) 可增减归零　C) 单增不归零　D) 可增减不归零

二、综合题(每空 2 分,共 40 分)

1. 计算并填写表 1。

表 1

IP 地址	118.124.28.16	IP 地址	118.124.28.16
子网掩码	255.224.0.0	直接广播地址	【3】
地址类别	【1】	子网内第一个可用 IP 地址	【4】
网络地址	【2】	子网内的最后一个可用 IP 地址	【5】

2. 某公司有 1 个总部和 2 个分部，各个部门都有自己的局域网。该公司申请了 4 个 C 类 IP 地址块 202.112.10.0/24～202.114.13.0/24。公司各部门通过帧中继网络进行互连，网络拓扑结构如图 1 所示。

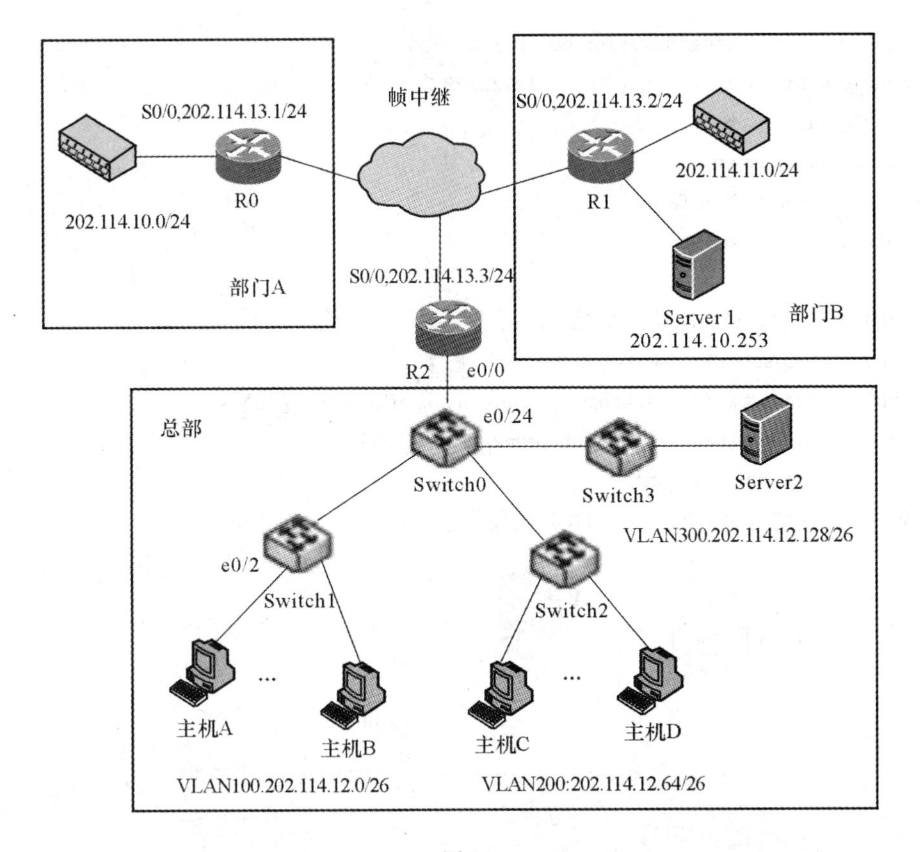

图 1

Switch0、Switch1、Switch2 和 Switch3 均为二层交换机。总部拥有的 IP 地址块为 202.114.12.0/24。Switch0 的端口 e0/24 与路由器 R2 的端口 e0/0 相连，请根据图 1 补充【6】~【10】空白处的配置命令或参数，完成路由器 R0、R2 及 Switch0 的配置。

```
R0 (config)# interface s0/0                          (进入串口配置模式)
R0 (config-if)# ip address 202.114.13.1 __【6】__    (设置 IP 地址和掩码)
R0(config)# encapsulation __【7】__                  (设置串口工作模式)

R2(config)#interface fastethernet 0/0.1
R2(config-subif)#encapsulation dot1q __【8】__
R2(config-subif)#ip address 202.114.12.1 255.255.255.192
R2(config-subif)#no shutdown
R2(config-subif)#exit
R2(config)#interface fastethernet 0/0.2
R2(config-subif)#encapsulation dot1q 200
R2(config-subif)#ip address 202.114.12.65 255.255.255.192
R2(config-subif)#no shutdown
R2(config-subif)#exit
R2(config)#interface fastethernet 0/0.3
```

```
R2(config-subif)#encapsulation dot1q 300_
R2(config-subif)#ip address 202.114.12.129 255.255.255.192
R2(config-subif)#no shutdown
R2(config-subif)#exit
R2(config)#interface fastetherent 0/0
R2(config-if)#no shutdown

Switch0(config)#interface f0/24
Switch0(config-subif)# switchport mode 【9】
Switch0(config-subif)# switchport trunk encapsulation 【10】
Switch0(config-subif)#switchport trunk allowed all
Switch0(config-subif)#exit
```

3. 某网络拓扑结构如图 2 所示，DHCP 服务器分配的地址范围如图 3 所示。

邮件服务器
192.168.0.2
DHCP服务器
192.168.0.1
Internet
交换机
...
PCn
PC1

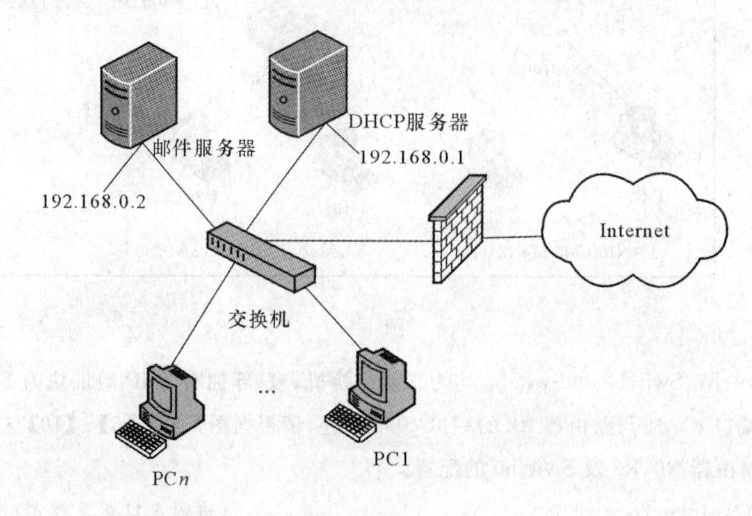

图 2

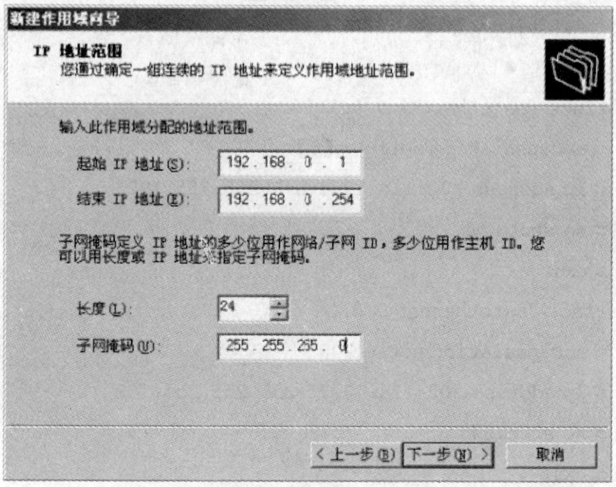

新建作用域向导
IP 地址范围
您通过确定一组连续的 IP 地址来定义作用域地址范围。
输入此作用域分配的地址范围。
起始 IP 地址(S): 192.168.0.1
结束 IP 地址(E): 192.168.0.254
子网掩码定义 IP 地址的多少位用作网络/子网 ID，多少位用作主机 ID。您可以用长度或 IP 地址来指定子网掩码。
长度(L): 24
子网掩码(U): 255.255.255.0
< 上一步(B)
下一步(N) >
取消

图 3

请回答以下问题：

(1) DHCP 允许服务器向客户端动态分配 IP 地址和配置信息。客户端可以从 DHCP 服务器获得 DHCP 服务器的地址还是 DNS 服务器的地址？__【11】__

(2) 图 4 是 DHCP 服务器安装中的添加排除窗口。参照图 2 和图 3，为图 4 配置相关信息。

起始 IP 地址：__【12】__；

结束 IP 地址：__【13】__。

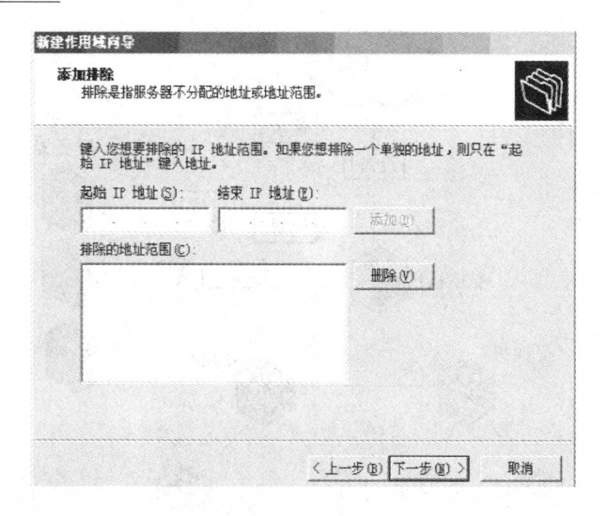

图 4

(3) Windows XP 用户在命令行方式下，通过__【14】__命令可以看到自己申请到的本机 IP 地址，用__【15】__可以重新向 DHCP 服务器申请 IP 地址。

4. 图 5 所示是 Sniffer 捕获的数据包。

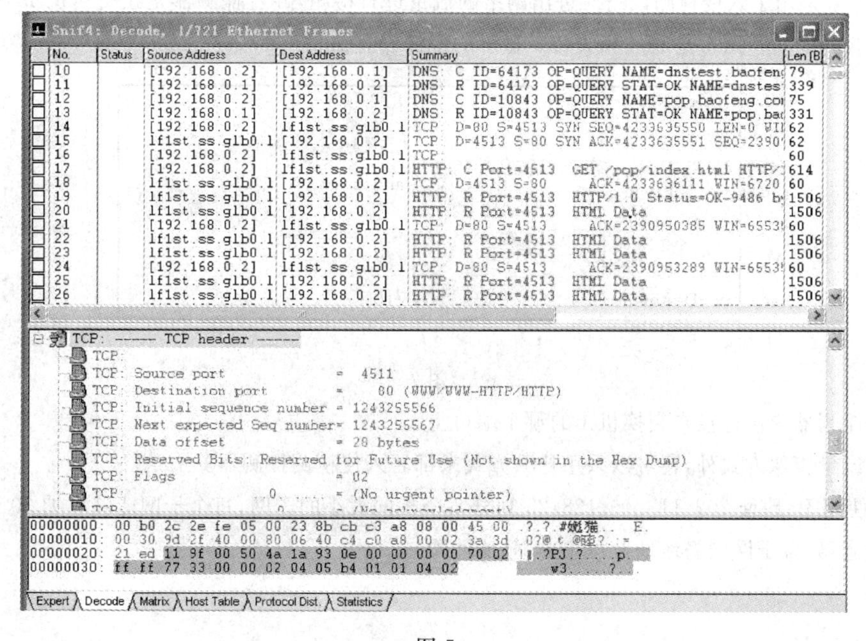

图 5

(1) 该主机的 IP 地址是 【16】 。

(2) 根据图中"No."栏中标号,表示 TCP 连接 3 次握手过程开始的数据包标号是 【17】 。

(3) 该主机上设置的 DNS 服务器的 IP 地址是 【18】 。

(4) 标号为"16"的数据包的源端口应为 【19】 ,该数据包 TCP Flag 的 ACK 位应为 【20】 。

三、应用题(共 20 分)

某网络结构如图 6 所示,请回答以下有关问题。

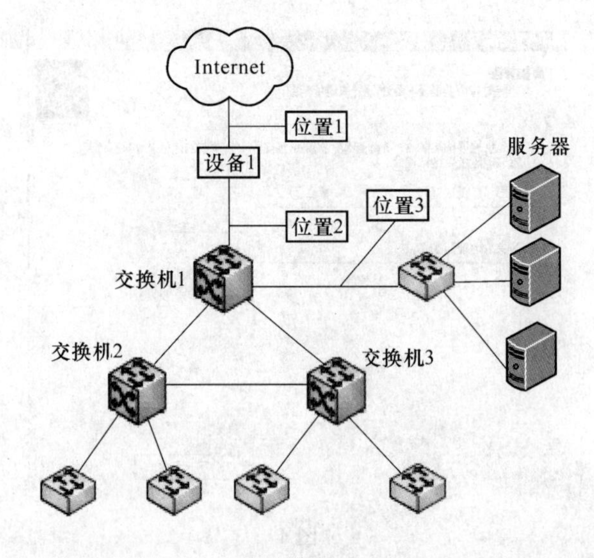

图 6

(1) 设备 1 应选用哪种网络设备?

(2) 若对整个网络实施保护,防火墙应加在图中位置 1 至位置 3 的哪个位置上?

(3) 如果采用了入侵检测设备对进出网络的流量进行检测,并且探测器是在交换机 1 上通过端口镜像方式获得流量。图 7 是通过相关命令显示的镜像设置信息。

```
Session 1
----------
Type                    :Local Session
Source Ports            :
    Both                :Gi2/12
Destination Ports       :Gi2/16
```

图 7

请问探测器应该连接在交换机 1 的哪个端口上?

除了流量镜像方式外,还可以采用什么方式来部署入侵检测探测器?

(4) 使用 IP 地址 202.113.10.128/25 划分 4 个相同大小的子网,每个子网能够容纳 30 台主机,请写出子网掩码、各子网网络地址及可用的 IP 地址段。

★超级模拟试卷

全国计算机等级考试四级超级模拟试卷二

四级网络工程师

2

注意事项

一、考生应严格遵守考场规则，得到监考人员指令后方可作答。

二、考生拿到试卷后应首先将自己的姓名、准考证号等内容涂写在答题卡的相应位置上。

三、选择题答案必须用铅笔填涂在答题卡的相应位置上，填空题的答案必须用蓝、黑色钢笔或圆珠笔写在答题卡的相应位置上，答案写在试卷上无效。

四、注意字迹清楚，保持卷面整洁。

五、考试结束将试卷和答题卡放在桌上，不得带走。待监考人员收毕清点后，方可离场。

全国计算机等级考试四级超级模拟试卷二
四级网络工程师

（考试时间 120 分钟，满分 100 分）

一、选择题（每小题 1 分，共 40 分）

（1）下列关于宽带城域网的核心交换层特点的描述中，正确的是______。

A）根据接入层的用户流量，进行 QoS 优先级管理、IP 地址转换、流量整形等处理

B）实现与主干网络的互连，提供城市的宽带 IP 数据出口

C）对用户数据包进行本地路由处理

D）为其所覆盖范围内的用户提供访问 Internet 以及其他的信息服务

（2）以下关于宽带城域网的网络管理描述中，说法正确的是______。

A）带外网络管理是指利用数据通信网（DCN）或公共交换电话网（PSTN）拨号，对网络设备进行数据配置

B）带内网络管理是指利用网络管理协议（SNMP）建立网络管理系统，产生告警信息，显示网络拓扑，分析各类通信数据

C）对核心层设备采取带外管理，对接入层设备采用带内管理

D）管理宽带城域网只有带内网络管理、带外网络管理 2 种基本方案

（3）以下属于对称 xDSL 技术的是______。

A）HDSL　　B）VDSL　　C）ADSL　　D）RADSL

（4）IEEE802.11b 标准最高数据传输速率可达______。

A）11 Mbps　　B）54 Mbps　　C）100 Mbps　　D）110 Mbps

（5）以下关于网络运行环境的描述中，错误的是______。

A）网络运行环境主要包括机房与电源 2 个部分

B）核心三层交换机、路由器、服务器等必须由专用的 UPS 系统供电

C）在组建网络系统之前需要由专业部门对机房和设备间、配线间进行环境温度、湿度、防雷击、防静电、防电磁干扰和光线等设计、施工和装修

D）机房是放置核心路由器、交换机、服务器等核心设备的场所，不包括各个建筑物内放置路由器、交换机与布线设施的设备间、配线间等场所

（6）以下关于网络关键设备选型的说法中，错误的是______。

A）关键网络设备一定要选择成熟的主流产品，并最好是一个厂家的产品

B）所有设备一定要留有一定的余量，使系统具有可扩展各厂家的产品

C) 根据“摩尔定律”,网络设备更新速度快、价值下降快,因此要认真调查、慎重决策

D) 在已有的网络基础上新建网络,则要在保护已有投资的基础上选择新技术、新标准与新产品

(7) 以下关于网络系统安全的描述中,错误的是______。

A) 以商业宣传为目的的广告软件可能成为病毒、间谍软件和网络钓鱼的载体

B) 可以通过身份认证、数字签名、数字信封、第三方确认等方法来防止抵赖现象

C) 网络安全漏洞的存在是不可避免的,应及时提出对策与补救措施

D) 与非服务攻击相比,服务攻击与特定服务无关

(8) 对于标推分类的 IP 地址,能够得到 A 类地址的机构有______个。

A)125　　B) 126　　C) 128　　D) 254

(9) 下列关于 NAT 技术的描述中,错误的是______。

A) NAT 违反了 IP 地址结构模型的设计原则

B) NAT 违反了基本的网络分居结构模型的设计原则

C) NAT 使得 IP 协议从面向连接变成了无连接

D) NAT 可以分为“一对一”、“多对多”类型

(10) CIDR 路由汇聚后网络地址 128.39.128.0/21,不能被其覆盖的子网地址是______。

A) 128.39.129.0/22　　B) 128.39.131.0/23

C) 128.39.134.0/24　　D) 128.39.136.0/24

(11) IPv6 地址 0000:0000:0000:0000:0000:FFFF:0234:1180,可以简化为______。

A) FFFF:0234:1180　　B) FFFF:234:119

C) FFFF:234:118　　D) ::FFFF:234:1180

(12) 分组转发分为直接转发和间接转发两类。是直接转发还是间接转发,路由器需要根据分组的______是否属于同一个网络来判断。

A) 目的 MAC 地址和目的端口号　　B) 目的 IP 地址和目的端口号

C) 目的 MAC 地址和源 MAC 地址　　D) 目的 IP 地址和源 IP 地址

(13) 下列关于最短路径优先(OSPF)协议特点的描述中,错误的是______。

A) 路由器发送的信息是本地路由器与哪些路由器相邻,以及链路状态的度量

B) 所有的路由器最终都能建立一个链路状态数据库,以反映全网的拓扑结构

C) 当链路状态发生变化时仅向相邻的路由器发送路由信息

D) 每个区域赋予一个 32 位的点分十进制表示的区域标识符

(14) 当 BGP-4 发言人与其他自治系统中的 BGP 发言人要交换路由信息,需要先建立______。

A) IP 连接　　B) BGP 会话　　C) TCP 连接　　D) UDP 连接

(15) 交换式局域网从根本上改变了“共享介质”的工作方式,它可以通过局域网交换机支持端口之间的多个并发连接。因此,交换式局域网可以增加网络带宽、改善局域网性能与______。

A) 服务质量　　B) 网络监控　　C) 存储管理　　D) 网络拓扑

(16) 以下关于 VLAN 标识的描述中错误的是______。

A) VLAN 通常用 VLAN ID 和 VLAN name 标识

B) IEEE802.1Q 标准规定,VLAN ID 用 12 位标识,因此所有的交换机都可以支持 4 096 个 VLAN

C) 2～1 000 用于以太网 VLAN ID

D) VLAN name 用 32 个字符表示,可以是字母和数字

(17) 虚拟局域网中继协议(VTP)有 3 种工作模式,即 VTP Server、VTP Client 和 VTP Transparent。以下关于这 3 种工作模式的叙述中,不正确的是______。

A) VTP Server 可以建立、删除和修改 VLAN

B) VTP Client 不能建立、删除或修改 VLAN

C) VTP Transparent 不从 VTP Server 学习 VLAN 的配置信息

D) VTP Transparent 不可以设置 VLAN 信息

(18) 以下的选项中,不是使用 Telnet 对交换机进行配置所必须满足的是______。

A) 计算机必须有访问交换机的权限

B) 网络必须同时安装 Web 与 FTP 服务器

C) 交换机必须预先配置好设备管理地址,包括 IP 地址、子网掩码和默认路由

D) 作为模拟终端的计算机与交换机都必须与网络连通,二者之间能通过网络进行通信

(19) CMS 网络管理界面可以完成的基本管理功能是______。

Ⅰ. 速率设置　　Ⅱ. 查看交换机运行状态

Ⅲ. VLAN 配置　　Ⅳ. 端口配置

A) Ⅰ、Ⅱ与Ⅲ　　B) Ⅰ、Ⅱ与Ⅳ　　C) Ⅱ、Ⅲ与Ⅳ　　D) Ⅰ、Ⅲ与Ⅳ

(20) 如果要彻底退出交换机的配置模式,输入的命令是______。

A) exit　　B) no config-mode　　C) Ctrl＋C　　D) Ctrl＋z

(21) 下面可信度最高的路由协议是______。

A) 静态路由　　B) OSPF　　C) RIP　　D) 外部 BGP

(22) 设某单位路由器的路由表如下所示。

某路由表

目的 IP 地址	子网掩码	转发端口
128.96.36.0	255.255.255.128	E1
128.96.36.128	255.255.255.128	E2
Default	—	R4

若收到的数据分组的目的 IP 地址是 128.96.36.151,则转发的端口是______。

A) 向所有端口转发 B) E1　　C) E2　　D) R4

(23) 以下关于 OSPF 协议的描述中,最准确的是______。

A) OSPF 协议根据链路状态法计算最佳路由

B) OSPF 协议是用于自治系统之间的外部网关协议

C) OSPF 协议不能根据网络通信情况动态地改变路由

D) OSPF 协议只能适用于小型网络

(24) 路由器 R1 的连接和地址分配如图 4 所示,如果在 R1 上安装 OSPF 协议,运行下列命令:route ospf 100,则配置 S0 和 E0 端口的命令是______。

R1

192.1.0.129/26 E0 S0 192.100.10.5/30

A) network 192.100.10.5 0.0.0.3 area 0

network 192.1.0.129 0.0.0.63 area 1

B) network 192.100.10.4 0.0.0.3 area 0

network 192.1.0.128 0.0.0.63 area 1

C) network 192.100.10.5 255.255.255.252 area 0

network 192.1.0.129 255.255.255.192 area 1

D) network 192.100.10.4 255.255.255.252 area 0

network 192.1.0.128 255.255.255.192 area 1

(25) IEEE802.11 的物理层规定了 3 种传输技术，即红外技术、直接序列扩频(DSSS)和跳频扩频(FHSS)技术，后两种扩频技术都工作在______的 ISM 频段。

A) 600 MHz　　B) 800 MHz　　C) 2.4 GHz　　D) 19.2 GHz

(26) 以下关于无线局域网硬件设备特征的描述中，错误的是______。

A) 无线网卡是无线局域网组网中最基本的硬件

B) 无线接入点 AP 基本功能是集合无线或者有线终端，其作用类似于有线局域网中的集线器和交换机

C) 无线接入点可以增加更多功能，不需要无线网桥、无线路由器和无线网关

D) 无线路由器和无线网关是具有路由功能的 AP，一般情况下它具有 NAT 功能

(27) 下面不是 IEEE802.11b 的优点的是______。

A) 支持以 100 m 为单位的范围

B) 允许多种标准的信号发送技术

C) 内置式鉴定和加密

D) 最多 3 个接入点可以同时定位于有效使用范围中，支持上百个用户同时进行语音和数据支持

(28)以下______不属于 DNS 服务器配置的主要参数。

A) 正向查找区域　　B) 反向查找区域　　C) 自治区域　　D) 资源记录

(29) 在 DHCP 客户机的命令行窗口中，使用______命令可以查看客户机获得的地址租约及其他配置信息情况。

A) ipconfig/all　　B) ipconfig/release　　C) ipconfig/new　　D) ipconfig/renew

(30) WWW 服务器构建任务主要包括______。

A) 为 Windows 2003 服务器安装 WWW 服务

B) 在 Windows 2003 下配置和测试 WWW 服务器

C) 在 Windows 2003 下配置和测试多个 Web 站点

D) 以上全部

(31) FTP 服务器配置的主要参数有：域、匿名用户、命名用户和______。

A) 域用户　　B) 组　　C) 组用户　　D) 匿名登录

(32) 通常完整的电子邮件地址由两部分构成，第一部分为信箱名，第二部分为服务器的域名，中间用______隔开。

A) *　　　　B) #　　　　C) @　　　　D) X

(33) ______在复制磁盘块到备份介质上时忽略文件结构，从而提高备份的性能。

A) 逻辑备份　　　　B) 完全备份　　　　C) 物理备份　　　　D) 增量备份

(34) 某企业内部网段与 Internet 互连的网络拓扑结构如下，其防火墙结构属于______。

内部网段
Internet
DMZ区
防火墙

A) 带屏蔽路由器的双宿主主机结构　　　　B) 带屏蔽路由器的双 DMZ 防火墙结构

C) 带屏蔽路由器的单网段防火墙结构　　　　D) 屏蔽子网防火墙结构

(35) 入侵检测技术目的是检测和______可能存在的攻击行为。

A) 阻止　　　　B) 发现　　　　C) 举报　　　　D) 避免

(36) 下面关于计算机病毒说法错误的是______。

A) 像生物病毒一样，计算机病毒有独特的复制能力

B) 计算机病毒具有正常程序的一切特性

C) 计算机病毒是一种具有很高编程技巧、短小精悍的可执行程序

D) 病毒的潜伏性体现了病毒设计者的真正意图

(37) 发送比 ICMP 回送请求的命令是______。

A) Telnet　　　　B) FTP　　　　C) netstat　　　　D) ping

(38) 在 Windows 2003 操作系统的 cmd 窗口中，输入______命令将获得下图所输出的信息。

```
Tracing route to www.ceiaec.org [121.199.254.46]
over a maximum of 30 hops:

  1    <1 ms    <1 ms    <1 ms  172.18.130.65
  2    <1 ms    <1 ms    <1 ms  192.168.201.1
  3     *        *        *     Request timed out.
  4  2402 ms     *        *     218.94.136.161
  5     1 ms    <1 ms    <1 ms  61.155.117.13
  6     1 ms     1 ms     1 ms  222.190.29.45
  7     *        *        *     Request timed out.
  8    28 ms    27 ms    27 ms  202.97.34.65
  9    27 ms    27 ms    27 ms  202.97.57.222
 10    28 ms    28 ms    28 ms  bj141-130-106.bjtelecom.net [219.141.130.106]
 11    29 ms    28 ms    28 ms  219.142.18.26
 12    29 ms    28 ms    28 ms  120.64.248.230
 13    30 ms    31 ms    29 ms  120.64.249.202
 14    29 ms    29 ms    30 ms  222.35.251.178
 15    29 ms    29 ms    29 ms  ip199.hichina.com [121.199.254.46]

Trace complete.
```

A) tracert www. ceiaec. org　　　　B) ping www. ceiaec. org

C) netstat　　　　D) tcpdump www. ceiaec. org

(39) 不属于漏洞扫描工具的是______。

A) ISS　　B) X-Scanner

C) Sniffer Pro　　D) Microsoft Baseline Security Analyzer

(40) 要实现 SNMPv3 基于视图的访问控制模型(VACM)的最高安全级别,需要将设备访问参数设置为______。

A) EngineID　　B) auto/Priv 模式　　C) read/write　　D) NONE 模式

二、综合题(每空 2 分,共 40 分)

1. 计算并填写表 1。

表 1

IP 地址	164.226.128.58	IP 地址	164.226.128.58
子网掩码	255.255.192.0	主机号	【3】
地址类别	【1】	直接广播地址	【4】
网络地址	【2】	子网内的第一个可用的 IP 地址	【5】

2. 某单位有 1 个总部和 6 个分部,各个部门都有自己的局域网。该单位申请了 6 个 C 类 IP 地址 202.115.10.0/24~202.115.15.0/24,其中总部与分部 4 共用 1 个 C 类地址。现计划将这些部门用路由器互联,网络拓扑结构如图 1 所示。

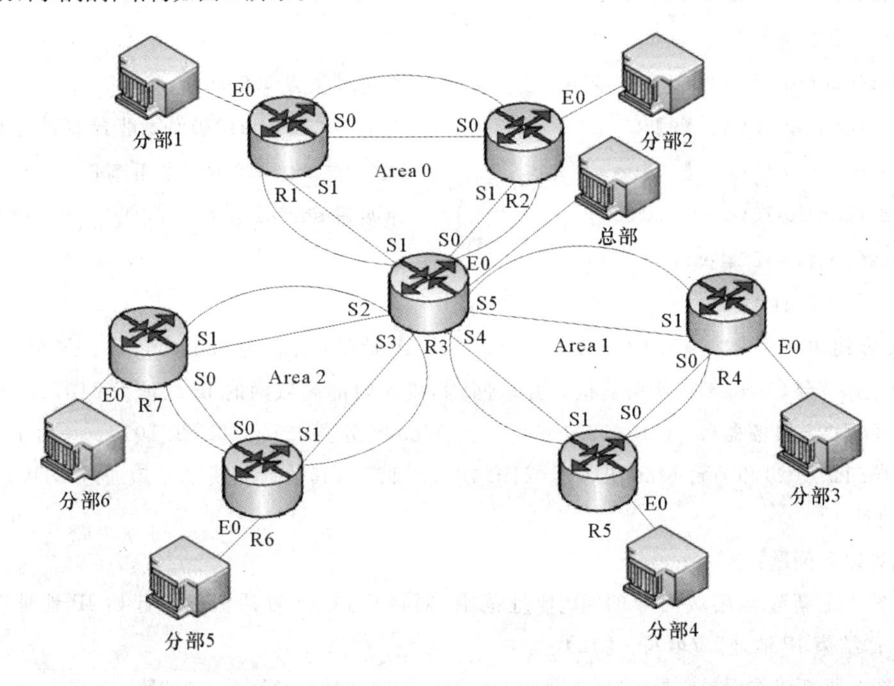

图 1

表 2 是该系统中路由器的 IP 地址分配表。

表 2

路由器	端口 IP 地址	路由器	端口 IP 地址	路由器	端口 IP 地址
R1	E0：202.115.10.1/24	R4	E0：202.115.12.1/24	R6	E0：202.115.14.1/24
	S0：10.0.0.1/24		S0：10.0.3.2/24		S0：10.0.6.1/24
	S1：10.0.1.1/24		S1：10.0.5.1/24		S1：10.0.7.1/24
R2	E0：202.115.11.1/24	R5	E0：202.115.13.1/25	R7	E0：202.115.15.1/24
	S0：10.0.0.2/24		S0：10.0.3.1/24		S0：10.0.6.2/24
	S1：10.0.2.1/24		S1：10.0.4.1/24		S1：10.0.8.1/24

请根据图 1 和表 2 补充【6】～【10】空白处的配置命令或参数，完成以下 R3 路由器的配置：

R3 (config) # interface e0/1　　　　　　　　　　（进入接口 e0/1 配置模式）

R3(config-if) # ip address 202.115.13.254 ＿【6】＿　　（设置 IP 地址和掩码）

R3 (config) # interface s0/0　　　　　　　　　　（进入串口配置模式）

R3(config-if) # ip address ＿【7】＿ 255.255.255.0　　（设置 IP 地址和掩码）

R3 (config) # interface s0/1

R3(config-if) # ip address ＿【8】＿ 255.255.255.0

R3 (config) # interface s0/2

……

Router(config-if) # bandwidth 256　　　　　（指定带宽为 256 k）

Router(config-if) # ＿【9】＿　　　　　　　（设置串口 serial0/0 的数据封装形式为 PPP）

Router(config-if) # ＿【10】＿　　　　　　 （在串口 serial0/0 中禁用 CDP）

Router(config-if) # no shutdown　　　　　　（启用 serial 接口）

Router(config-if) # exit

Router(config) #

3. A 公司申请了 210.45.12.0/24 的一个 C 类 IP 地址，域名为 abc.com.cn。该公司没有划分子网，使用一台 Cisco2610 路由器接入互联网，其接入内部局域网的 IP 地址为 210.45.12.1，该公司有一台 DNS 服务器(210.45.12.100)、一台 Web 服务器(210.45.12.101)、一台 FTP 服务器(210.45.12.102)和一台 Mail 服务器(210.45.12.103)，其他计算机都希望通过 DHCP 来动态分配 IP 地址。

请回答以下问题：

(1) 图 2 是新建作用域向导的“IP 地址范围”对话框，在该对话框中，“起始 IP 地址”应填写＿【11】＿；“结束 IP 地址”应填写＿【12】＿。

(2) 图 3 是新建作用域向导的“添加排除”对话框，排除的地址范围是＿【13】＿。

(3) 图 4 是新建作用域向导的“路由器(默认网关)”对话框，“IP 地址”文本框中应填入的是＿【14】＿。

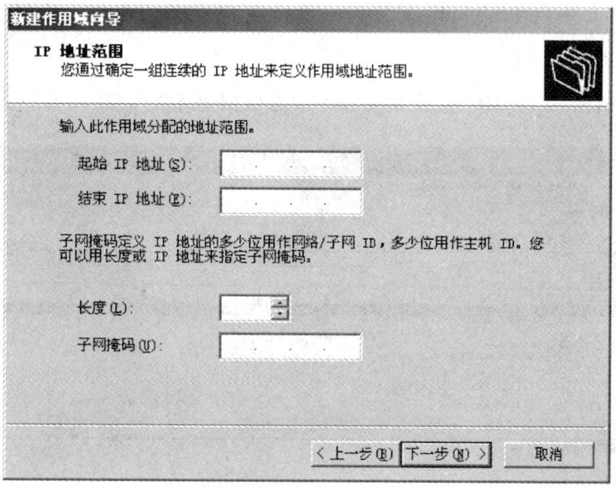

新建作用域向导

IP 地址范围

您通过确定一組连续的 IP 地址来定义作用域地址范围。

输入此作用域分配的地址范围。

起始 IP 地址(S):

结束 IP 地址(E):

子网掩码定义 IP 地址的多少位用作网络/子网 ID，多少位用作主机 ID。您可以用长度或 IP 地址来指定子网掩码。

长度(L):

子网掩码(U):

<上一步(B) 下一步(N)> 取消

图 2

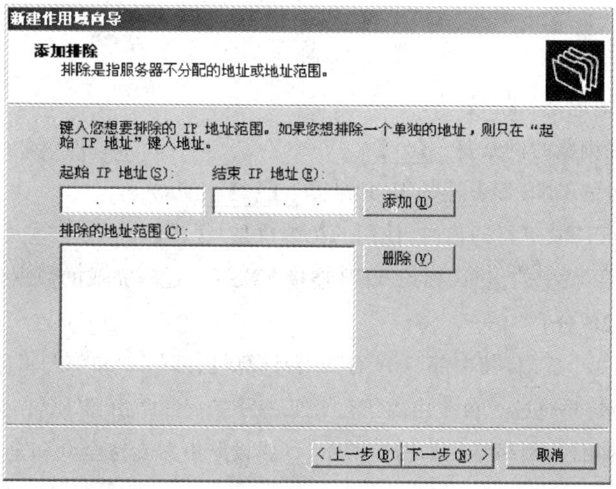

新建作用域向导

添加排除

排除是指服务器不分配的地址或地址范围。

键入您想要排除的 IP 地址范围。如果您想排除一个单独的地址，则只在“起始 IP 地址”键入地址。

起始 IP 地址(S): 结束 IP 地址(E):

添加(D)

排除的地址范围(C):

删除(V)

<上一步(B) 下一步(N)> 取消

图 3

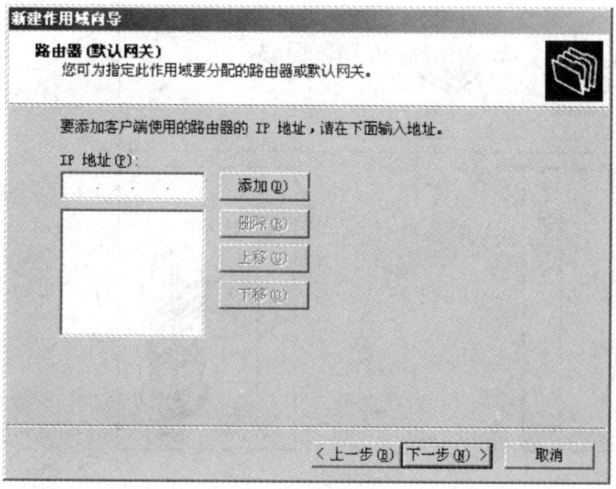

新建作用域向导

路由器(默认网关)

您可为指定此作用域要分配的路由器或默认网关。

要添加客户端使用的路由器的 IP 地址，请在下面输入地址。

IP 地址(P):

添加(D)

删除(R)

上移(U)

下移(O)

<上一步(B) 下一步(N)> 取消

图 4

(4) 该公司销售部有一台 PC 机,由于其工作性质决定了必须要有一个固定 IP 地址,给它分配一个固定 IP 地址的方式是 【15】 。

4. 图 5 是一台主机上用 Sniffer 捕捉的数据包,请根据显示的信息回答下列问题。

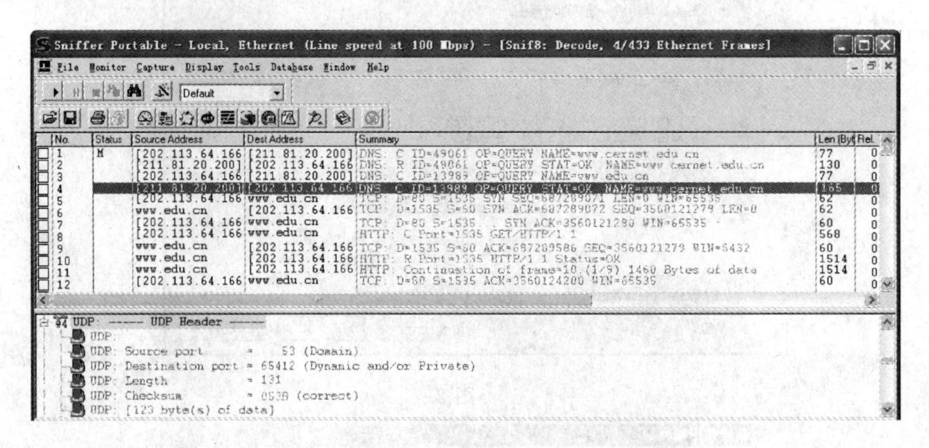

图 5

(1) 该主机的 IP 地址是 【16】 。

(2) 该主机上正在浏览的网站是 【17】 。

(3) 该主机上设置的 DNS 服务器的 IP 地址是 【18】 。

(4) 该主机采用 HTTP 进行通信时,使用的源端口是 【19】 。

(5) 根据图中“No.”栏中的信息,标识 TCP 连接 3 次握手过程完成的数据包的标号是 【20】 。

三、应用题(共 20 分)

该公司有 A、B、C 3 个部门,其中部门 A 有 25 台计算机、部门 B 和部门 C 各有 13 台计算机,各部门分别组成一个局域网,并通过一台路由器 R1 相连。另有一台路由器 R2 作为边界路由器,通过 ISDN BRI 与国际互联网相连,网络结构如图 6 所示。(假设路由器支持全 0 和全 1 子网)

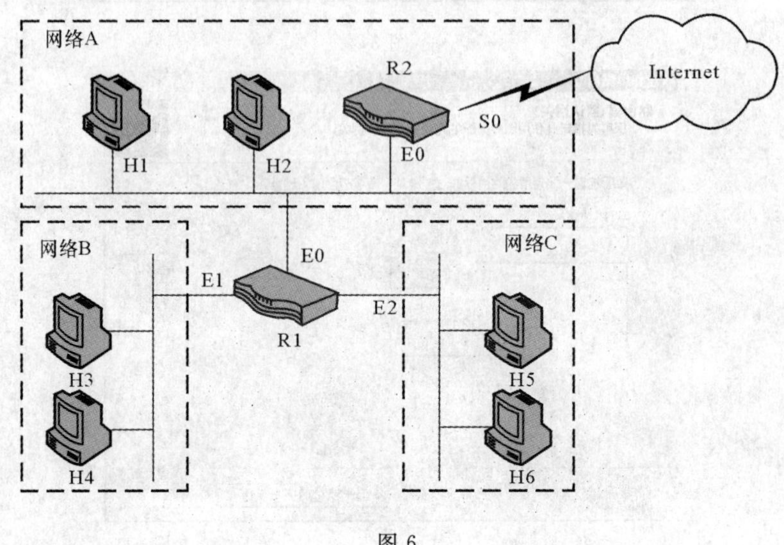

图 6

(1) 某公司分配到的网络地址是 217.14.8.0，子网掩码是 255.255.255.192。请各子网的子网掩码和可使用的地址范围(部门 A 地址最小，部门 C 地址最大)。

(2) 若路由器 R1 和 R2 均使用静态路由，R1 的 E0 接口的 IP 地址为 217.14.8.1；R2 的 E0 接口的 IP 地址为 217.14.8.2，S0 接口的 IP 地址是 202.198.56.9/30。请填充 R2 的路由表(表 3)。

表 3

目的网络	下一跳地址
①____	直连
202.198.56.8/30	直连
②____	217.14.8.1
③____	④____

(3) 该网络的接入 Internet 的速率是多少？

★超级模拟试卷

全国计算机等级考试四级超级模拟试卷三

四级网络工程师

3

注意事项

一、考生应严格遵守考场规则，得到监考人员指令后方可作答。

二、考生拿到试卷后应首先将自己的姓名、准考证号等内容涂写在答题卡的相应位置上。

三、选择题答案必须用铅笔填涂在答题卡的相应位置上，填空题的答案必须用蓝、黑色钢笔或圆珠笔写在答题卡的相应位置上，答案写在试卷上无效。

四、注意字迹清楚，保持卷面整洁。

五、考试结束将试卷和答题卡放在桌上，不得带走。待监考人员收毕清点后，方可离场。

全国计算机等级考试四级超级模拟试卷三
四级网络工程师

（考试时间 120 分钟，满分 100 分）

一、选择题(每小题 1 分，共 40 分)

(1) 城域网是以______为开放平台，以 TCP/IP 为基础，通过各种网络互连设备，满足语音、数据、图像等业务应用需求，并与广域网、广播电视网、电话交换网互连互通的本地综合业务网络。

A) 业务平台　　B) 管理平台　　C) ATM 网络　　D) 宽带光传输网络

(2) 下列关于宽带城域网的边缘汇聚层特点的描述中，错误的是______。

A) 根据接入层的用户流量，进行本地路由、流量均衡、QoS 优先级管理

B) 对用户数据包进行本地路由处理

C) 为网络提供高速分组转发和具有 QoS 保障能力的数据传输环境

D) 汇接接入层的用户流量，进行数据分组传输的汇聚、转发与交换

(3) 非对称数字用户线(ADSL)是采用______调制方式通过双绞线向用户提供宽带业务业务和普通电话服务的接入网技术。

A) WDM　　B) TDM　　C) FDM　　D) SDMA

(4) 无线城域网标准 IEEE 802.16 和对无线网格网(WMN)结构支持的 IEEE802.16a，经过修订后统名为______，于 2004 年 5 月正式公布。

A) IEEE 802.16b　　B) IEEE 802.16c

C) IEEE 802.16d　　D) IEEE 802.16e

(5) 以下在关于网络需求调研与系统设计基本原则的描述中，错误的是______。

A) 各阶段文档资料必须完整与规范

B) 在调查、分析的基础上，对网络系统组建与信息系统开发的可行性进行充分论证

C) 运用系统的观点完成网络工程技术方案的规划和设计

D) 大型网络系统的建设需要本单位行政负责人对项目执行的全过程进行监理

(6) 某中小型企业网采用两层网络结构。其中，核心层交换机每个端口带宽为 1 Gbps，则下连接入层交换机的总带宽应控制在______。

A) 50 Mbps　　B) 100 Mbps　　C) 10 Gbps　　D) 20 Gbps

(7) ______技术是向一组独立的计算机提供高速通信线路，组成一个共享数据与存储空间的服务器系统，提高了系统的数据处理能力。

A) SMP 技术　　B) Cluster 技术　　C) RAID 技术　　D) ISC 技术

(8) 某小型企业网络共有25台主机，现向ISP机构申请一个C类IP地址连接到Internet，那么这个C类IP地址的有效利用率约为______。

A) 0.98%　　B) 1.95%　　C) 9.8%　　D) 19.5%

(9) 如果主机A要向处于同一子网段的主机B(IP地址为172.16.204.89/16)发送一个分组，那么主机A使用的"这个网络上的特定主机"地址为______。

A) 172.16.255.255　　B) 172.16.204.88

C) 0.0.255.255　　D) 0.0.204.89

(10) 设有下面3条路由：172.30.129.0/24、172.30.130/24和172.30.132.0/24。如果进行路由汇聚，能覆盖这3条路由的网络地址是______。

A) 172.30.128.0/21　　B) 172.30.128.0/22

C) 172.30.130.0/22　　D) 172.30.132.0/23

(11) IPv6地址"0FE0:0:09A::FE80"中，双冒号"::"之间被压缩0的位数为______。

A) 32　　B) 48　　C) 64　　D) 80

(12) 当运行路由信息协议(RIP)的路由器刚启动，初始(V,D)表中各路由的距离均为______。

A) 0　　B) 1　　C) 16　　D) 无穷

(13) 下列关于OSPF协议技术特征的描述中，错误的是______。

A) 将一个自治系统内部划分成若干个区域和一个主干区域

B) 利用洪泛法在整个自治系统中交换链路状态信息

C) 由区域边界路由器接收从其他区域来的信息

D) 在主干区域内由AS边界路由器专门与其他AS交换路由信息

(14) BGP的核心分组是______。

A) open分组　　B) update分组　　C) keepalive分组　　D) notification分组

(15) 建立虚拟局域网的主要原因是______。

A) 将服务器和工作站分离　　B) 使广播流量最小化

C) 增加广播流量的广播能力　　D) 提供网段交换能力

(16)同一个VLAN中的两台主机______。

A) 必须连接在同一台交换机上　　B) 可以跨越多台交换机

C) 必须连接在同一集线器上　　D) 可以跨越多台路由器

(17) 以下关于虚拟局域网中继(VLAN Trunk)的描述中，错误的是______。

A) VLAN Trunk是在交换机与交换机之间、交换机与路由器之间存在的物理链路上传输多个VLAN信息的一种技术

B) VLAN Trunk的标准机制是帧标签

C) 在交换设备之间实现Trunk功能，VLAN协议可以不同

D) 目前常用的VLAN协议有ISL、IEEE802.10和国际标准IEEE802.1Q

(18) 配置路由器的HTTP用户认证方式时，默认配置是______。

A) enable　　B) local　　C) tacacs　　D) none

(19) 在Catalyst 3500系统配置交换机端口时，默认通信方式为______。

A) 单工　　B) 半双工　　C) 全双工　　D) 自适应

(20) 下面不是交换机的交换结构的是______。

A) 软件执行交换结构　　　　　　　B) 双总线交换结构

C) 矩阵交换结构　　　　　　　　　D) 共享存储

(21) 以下不是使用 Telnet 配置路由器的必备条件的是______。

A) 在网络上必须配备一台计算机作为 Telnet 服务器

B) 作为模拟终端的计算机与路由器都必须与网络连通，它们之间能相互通信

C) 计算机必须有访问路由器的权限

D) 路由器必须预先配置好远程登录的密码

(22) POS 目前可以提供多种传输速率的接口，下面不是 POS 可以提供的接口传输速率的是______。

A) 150 Mbps　　B) 622 Mbps　　C) 2.5 Gbps　　D) 10 Gbps

(23) 以下关于路由器结构的描述中，错误的是______。

A) 路由器有不同的接口类型，可以连接不同标准的网络

B) 路由器软件主要有路由器的操作系统 IOS 组成

C) IOS 是运行在 Cisco 网络设备上的操作系统软件，用于控制和实现路由器的全部功能

D) 保存在闪存中的数据在关机或路由器重启时会丢失

(24) 下图所示为 3 台路由器的连接与 IP 地址分配，在 R2 中配置到达子网 192.168.1.0/24 的静态路由的命令是______。

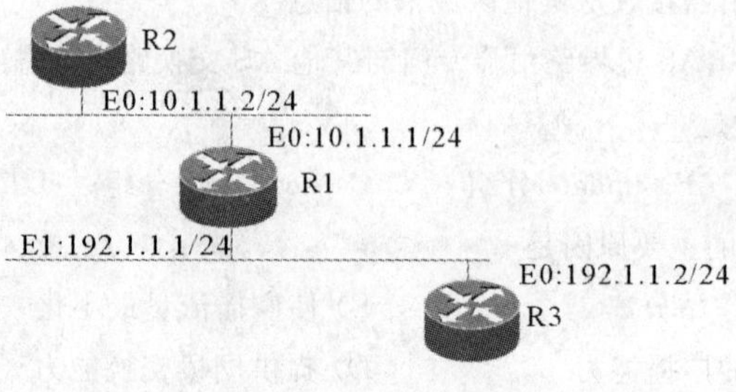

R2
E0:10.1.1.2/24
E0:10.1.1.1/24
R1
E1:192.1.1.1/24
E0:192.1.1.2/24
R3

A) R2(config)#ip route 192.168.1.0 255.255.255.0 10.1.1.1

B) R2(config)#ip route l92.168.1.1 255.255.255.0 10.1.1.2

C) R2(config)#ip route l92.168.1.2 255.255.255.0 10.1.1.1

D) R2(config)#ip route l92.168.1.2 255.255.255.0 10.1.1.2

(25) 最新提出的 IEEE802.11a 标准可提供的最高数据速率是______。

A) 1 Mbps　　B) 2 Mbps　　C) 5.5 Mbps　　D) 54 Mbps

(26) 以下关于无线接入点配置意义的描述中，错误的是______。

A) System Name——用户为无线接入点的命名

B) Configuration Server Protocol——单击单选项来选择网络中 IP 地址的分配方式

C) DHCP——由网络中的 DHCP 服务器自动地分配 IP 地址

D) Static IP——手工分配 IP 地址

(27) 802.11b 无线局域网的典型解决方案中，对等解决方案是一台电脑安装一片无线网卡，即可互相访问。它是一种______方案。

A) 点对点　　B) 端到端　　C) 点到端　　D) 端到点

(28) 当一台主机要解析域名 www.abc.com 的 IP 地址时,如果这台主机配置的域名服务器为 212.120.66.68,因特网顶级服务器为 101.2.8.6,而存储 www.abc.com 与其 IP 地址对应关系的域名为 212.113.16.10,那么这台主机解析该域名将先查询______。

A) 212.120.66.68 域名服务器　　B) 212.113.16.10 域名服务器

C) 101.2.8.6 域名服务器　　D) 不能确定,可以从这 3 个域名服务器中任选一个

(29) 以下关于 DHCP 服务器配置的术语中,错误的是____。

A) 作用域:是网络上 IP 地址的完整连续范围

B) 排除范围:是作用域内从 DHCP 范围中保留的有限 IP 地址序列

C) 保留:可以使用"保留"创建 DHCP 服务器指派的永久租约

D) 选项:是 DHCP 服务器在向 DHCP 客户端提供租约是可指派的其他客户端配置参数

(30) 以下说法中正确的是______。

A) 在 WWW 服务器中不需要设定默认网站文档,WWW 服务器随机生成

B) 在 WWW 服务器中需要设定默认网站文档

C) 在 WWW 服务器中不需要设定默认网站文档,因为 WWW 服务器已经设定了初始文档地址

D) 以上均不正确

(31) 构建 FTP 服务器的软件很多,很多互联网 FTP 服务器采用______。

A) Serv-U　FTP Server　　B) IIS 6.0

C) FTP Server　　D) Serv-U

(32) 在 E-mail 邮件服务器系统中,用户可用______协议访问并读取邮件服务器上的邮件信息。

A) POP3　　B) SMTP　　C) IMAP　　D) IMAP4

(33) 下面说法错误的是______。

A) 逻辑备份采用非连续的存储文件,这会使得备份速度减慢

B) 基于文件的备份对于文件的一个很小的改变也需要将整个文件备份

C) 物理备份使得文件的恢复变得简单而且快捷

D) 基于设备的备份可能产生数据的不一致性

(34) 如果某台 Cisco PIX525 防火墙有如下配置:

```
Pix525(config)# ip address outside 202.101.98.3 255.255.255.224
Pix525(config)# ip address inside 10.3.1.254 255.255.255.252
```

下列描述中,正确的是______。

A) 防火墙在外网的 IP 地址是 202.101.98.3/24

B) 防火墙在内网的 IP 地址是 10.3.1.254/32

C) 防火墙在外网的 IP 地址是 202.101.98.3/28

D) 防火墙在内网的 IP 地址是 10.3.1.254/30

(35) 下面关于加密算法与解密算法说法错误的是______。

A) 解密算法所使用的密钥称为解密密钥

B) 对密文解密时采用的一组规则称为解密算法

C) 加密算法是相对稳定的

D) 加密算法一定要做好保密工作

(36) 下列不属于入侵检测探测器部署方式的是______。

A) 流量镜像方式　　B) 交换机端口汇聚方式

C) 新增集线器设备　　D) 新增 TAP 设备

(37) 能够显示当前 TCP/IP 网络配置的命令是______。

A) nbtstat　　B) hostname　　C) ipconfig　　D) config

(38) 在局域网的某台 Windows 主机中，先运行______命令后，然后执行[arp -a]命令，系统显示的信息如下图所示。

```
C:\WINDOWS\system32\cmd.exe
C:\Documents and Settings\Administrator>arp -a

Interface: 172.18.130.87 --- 0x10006
  Internet Address      Physical Address      Type
  172.18.130.1          00-11-22-33-44-55     static
  172.18.130.65         00-07-b3-d4-af-00     dynamic
  172.18.130.109        00-06-5b-e0-21-64     dynamic
  172.18.130.110        00-1b-38-94-39-3e     dynamic
  172.18.130.118        00-0b-ab-27-87-2a     dynamic
```

A) arp-s 172.18.130.65　00-07-b3-d4-af-00

B) arp-s 172.18.130.109　00-06-5b-e0-21-64

C) arp-s 172.18.130.110　00-1b-38-94-39-3e

D) arp-s 172.18.130.1　00-11-22-33-44-55

(39) ______对网络止流量进行分析，不产生额外的流量，不会导致系统的崩溃，其工作方式类似于 IDS。

A) 主动扫描　　B) 被动扫描　　C) IDS　　D) 漏洞扫描器

(40) SNMPv2 表的状态列有 6 种取值，管理站不可以使用 set 操作设置的状态是______。

A) notReady　　B) notInservice　　C) createAndGo　　D) destroy

二、综合题(每空 2 分，共 40 分)

1. 计算并填写表 1。

表 1

IP 地址	126.150.28.57	IP 地址	126.150.28.57
子网掩码	255.240.0.0	直接广播地址	【3】
地址类别	【1】	受限广播地址	【4】
网络地址	【2】	子网内的第一个可用 IP 地址	【5】

2. 某公司租用了一段 C 类地址 203.12.11.0/24～203.12.14.0/24，如图 1 所示。其网间地址是 172.11.5.14/24。要求网内所有 PC 都能上网。

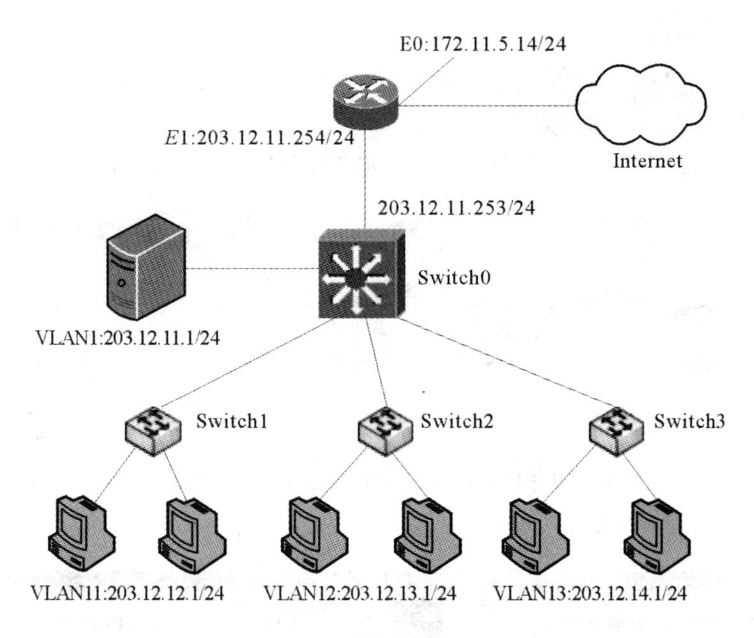

图 1

接入层交换机 Switch1 的端口 24 为 Trunk 口，其余各口属于 VLAN11，请根据图 1 补充【6】～【10】空白处并完成交换机的配置。

```
Switch1＃config terminal
Switch1(config)＃interface f0/24                                    (进入端口 24 配置模式)
Switch1(config-if)＃ switchport mode trunk                                  【6】
Switch1(config-if)＃ switchport trunk encapsulation dotlq                   【7】
Switch1(config-if)＃ switchport trunk allowed all            (允许所有 VLAN 从该端口交换数据)
Switch1(config-if)＃exit
Switch1(config)＃exit
Switch1＃ vlan database
Switch1(vlan)＃ vlan 11 name lab01                                          【8】
Switch1(vlan)＃exit
Switch1＃config terminal
Switch1(config)＃interface f0/9                                     (进入 f0/9 的配置模式)
Switch1(config-if)＃ 【9】                                          (设置端口为接入链路模式)
Switch1(config-if)＃ 【10】                                         (把 f0/9 分配给 VLAN11)
Switch1(config-if)＃exit
Switch1(config)＃exit
```

3. 某局域网的 IP 地址为 202.117.12.0/24，网络结构如图 2 所示。采用 DHCP 服务器自动分配 IP 地址，其中 DHCPServer2 的地址池为 202.117.12.3～202.117.12.128。

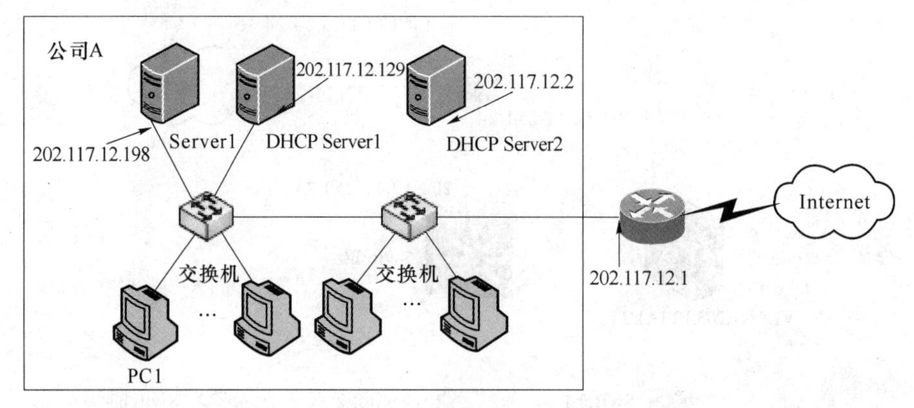

图 2

图 3 是 DHCPServer1 中 DHCP 服务器安装时分配 IP 地址的范围窗口。图 4 是 DHCPServer1 中 DHCP 服务器安装时路由器(默认网关)窗口。

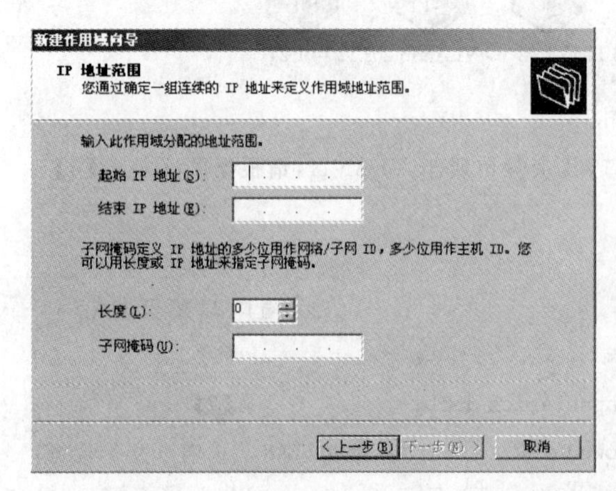

图 3

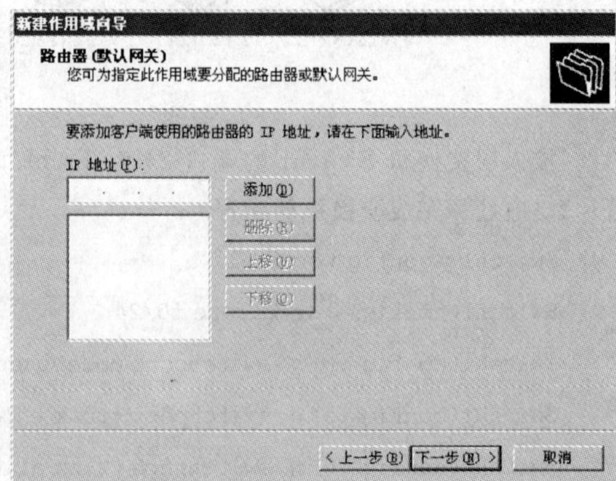

图 4

请回答以下问题：

(1) PC1 首次启动时，会向网络发出一个 ______【11】______ 来表达 IP 租用请示，PC1 通常采用 ______【12】______ 提供的 IP 地址。

(2) 参照 DHCPServer2 的地址池分配方式，在图 3 中为 DHCPServer1 配置属性参数。

起始 IP 地址：______【13】______；

结束 IP 地址：______【14】______。

(3) 图 4 中的“起始 IP 地址”中填入 ______【15】______。

4. 图 5 是在一台主机上用 Sniffer 捕获的数据包的部分信息。

```
DLC: Ethertype=0800, size=229 bytes
IP:  D=[10.65.64.255] S=[10.65.64.140] LEN=195 ID=4372
UDP: D=138 S=138  LEN=195
NETB: D=XXYC<1E> S=CWK2 Datagram, 105 bytes (of 173)
CIFS/SMB: C Transaction
SMBMSP: Write mail slot \MAILSLOT\BROWSE
BROWSER: Election Force
```

图 5

请根据图中信息回答下列问题。

(1) 该数据包的源地址是＿【16】＿,目的地址是＿【17】＿。

(2) 传输层使用的协议是＿【18】＿。

(3) 如果路由器收到该数据包,将＿【19】＿该数据包。

(4) 高层协议 NETB 被分配的端口号是＿【20】＿。

三、应用题(20 分)

某公司采用 100 Mbps 宽带接入 Internet,公司内部有 15 台 PC,要求都能够上网。另外有 2 台服务器对外分别提供 Web 和 E-mail 服务,采用防火墙接入公网,拓扑结构如图 6 所示。请回答以下有关问题。

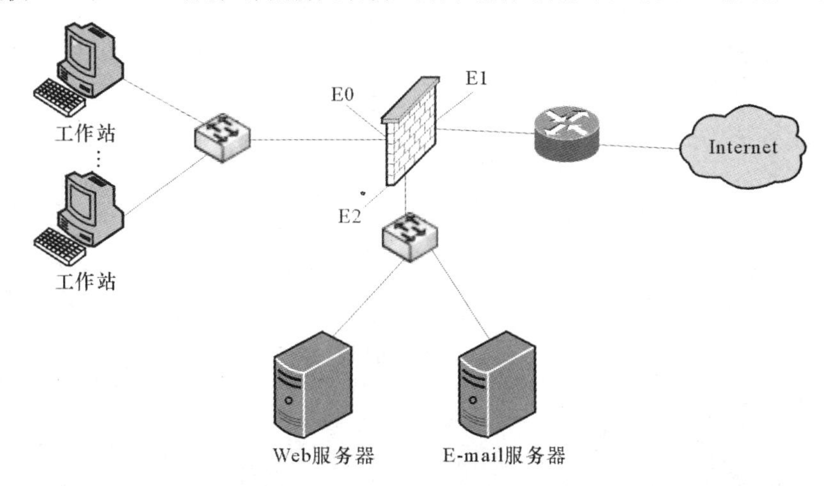

图 6

(1) 如果防火墙采用 NATP 技术,则该单位至少需要申请多少个可用的公网地址?

(2) 下面是防火墙接口的配置命令:

```
fire(config)# ip address outside 202.134.135.98 255.255.255.252
fire(config)# ip address inside 192.168.46.1 255.255.255.0
fire(config)# ip address dmz 10.0.0.1 255.255.255.0
```

根据以上配置,写出图 6 中防火墙各个端口的 IP 地址。

(3) 要禁止内网中 IP 地址为 198.168.46.8 的 PC 访问外网,写出正确的 ACL 规则。

全国计算机等级考试四级专家押题试卷一

四级网络工程师

1

注意事项

一、考生应严格遵守考场规则,得到监考人员指令后方可作答。

二、考生拿到试卷后应首先将自己的姓名、准考证号等内容涂写在答题卡的相应位置上。

三、选择题答案必须用铅笔填涂在答题卡的相应位置上,填空题的答案必须用蓝、黑色钢笔或圆珠笔写在答题卡的相应位置上,答案写在试卷上无效。

四、注意字迹清楚,保持卷面整洁。

五、考试结束将试卷和答题卡放在桌上,不得带走。待监考人员收毕清点后,方可离场。

全国计算机等级考试四级专家押题试卷一
四级网络工程师

（考试时间 120 分钟，满分 100 分）

一、选择题（每小题 1 分，共 40 分）

(1) 从逻辑上看，宽带城域网的网络平台的层次结构可以进一步分为核心交换层、边缘汇聚层与用户接入层。其中，核心层主要承担______等功能。

A) 本地路由选择和流量汇聚　　B) 高速数据交换

C) QoS 优先级管理和本地安全控制　　D) 用户接入与本地流量控制

(2) 以下不属于宽带城域网保证服务质量 QoS 要求的技术是______。

A) RSVP　　B) RED　　C) DiffServ　　D) MPLS

(3) 以下关于 Cable Modem 分类的描述中，说法错误的是______。

A) 按接入角度可分为单向和双向

B) 按接口角度可分为外置式、内置式和交互式机顶盒

C) 按同步方式可分为同步和异步

D) 按传输方式可分为双向对称式和非对称式

(4) 以下选项中，信道带宽可达 25 MHz/28 MHz 的无线城域网标准的是______。

A) IEEE802.16　　B) IEEE802.16a　　C) IEEE802.16d　　D) IEEE802.16e

(5) 用于支持信息系统的网络平台包括______。

Ⅰ. 网络传输基础设施　　Ⅱ. 机房和设备间

Ⅲ. 网络设备　　Ⅳ. 网络操作系统

A) Ⅰ和Ⅱ　　B) Ⅰ和Ⅲ　　C) Ⅰ、Ⅱ和Ⅲ　　D) Ⅰ、Ⅱ、Ⅲ和Ⅳ

(6) 以下关于网络结构与拓扑构型设计方法描述中，错误的是______。

A) 核心层网络用于连接分布在不同位置的子网，实现路由汇聚等功能

B) 汇聚层根据接入层的用户流量，进行本地路由、安全控制、流量整形等处理

C) 接入层网络用于将终端用户计算机接入到网络中

D) 核心层设备之间、核心层设备与汇聚层设备之间通常采用冗余链路的光纤连接

(7) 一台交换机具有 48 个 10/100BASE-TX 自适应端口与 2 个可扩展 1000BASE-X 端口，那么在交换机满配置的情况下，其背板带宽适合选择为______。

A) 6.8 Gbps　　B) 13.5 Gbps　　C) 16 Gbps　　D) 40 Gbps

(8) 某大学信息网络中心将 IP 地址块 172.16.112.0/20 分配给计算机系，那么计算机系使用的子

网掩码为______。

A) 255.255.0.0　B) 255.255.224.0　C) 255.255.240.0　D) 255.255.248.0

(9) 下列不是子网规划需要回答的基本问题是______。

A) 每个子网的广播地址是什么?

B) 这些合法的主机使用的传输层端口号是什么?

C) 每个子网内部合法的网络号是什么?

D) 这个被选定的子网掩码可以产生多少个子网?

(10) 某单位通过 2 Mbps 的 DDN 专线接入广域网,该单位申请的公网 IP 地址为 61.246.100.96/29。其中,该单位能够使用的有效公网地址有______个。

A) 5　B) 6　C) 7　D) 8

(11) 下列关于 IPv6 主要特性的描述中,错误的______。

A) 支持新的协议格式　B) 地址空间是 IPv4 的 962 倍

C) 增加路由层次划分和分级寻址　D) 支持地址自动配置

(12) 下列不属于内部网关协议的是______。

A) OSPF　B) BGP　C) IS-IS　D) RIP

(13) 通常,路由信息协议(RIP)的跳数小于等于______。

A) 14　B) 15　C) 16　D) 17

(14) 以下不属于 BGP 协议执行过程中使用的分组是______。

A) 打开分组　B) 通知分组　C) 维护分组　D) 保活分组

(15) 以太网交换机根据______转发数据包。

A) IP 地址　B) MAC 地址　C) LLC 地址　D) PORT 地址

(16) 在下面关于 VLAN 的描述中,不正确的是______。

A) VLAN 把交换机划分成多个逻辑上独立的交换机

B) 主干链路可以提供多个 VLAN 之间通信的公共通道

C) 由于包含了多个交换机,所以 VLAN 扩大了冲突域

D) 一个 VLAN 可以跨越交换机

(17) 使交换机的端口跳过侦听和学习状态,直接从阻塞状态进入到转发状态的生成树可选功能是______。

A) BackboneFast　B) UplinkFast　C) PortFast　D) BPDU Filter

(18) 下列不是基于第三层协议类型或地址划分 VLAN 的是______。

A) 按 TCP/IP 协议的 IP 地址划分 VLAN

B) 按 DECNET 划分 VLAN

C) 基于 MAC 地址划分 VLAN

D) 按逻辑地址划分 VLAN

(19) 如下图所示,1 台 Cisco 3500 系列交换机上连接 2 台计算机,它们分别划分在 VIAN 10(ID 号为 10)和 VLAN 11(ID 号为 11)中。交换机的千兆以太网端口(g0/1)连接一台路由器,使 2 个 VLAN 之间能够相互通信的配置语句是______。

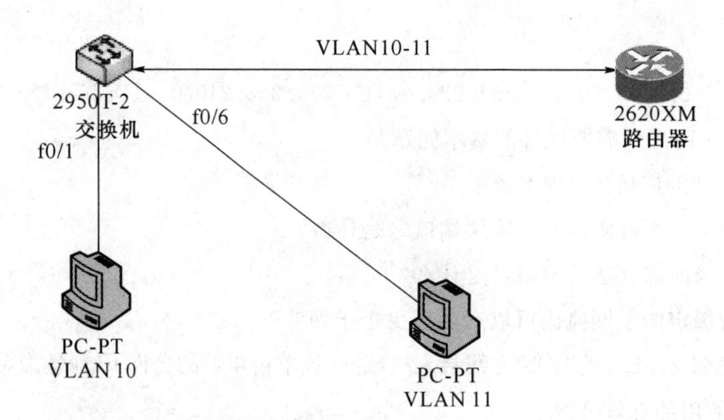

A) Switch＃switchport trunk allowed vlan 10 11

B) Switch(config)＃switchport trunk allowed vlan 10-11

C) Switch>switchport trunk allowed vlan 10-11

D) Switch(config-if)＃switchport trunk allowed vlan 10,11

(20) 通过对接入层交换机配置 STP 的可选功能______，从而加快终端计算机接入到网络中的速度。

A) PortFast　　B) UplinkFast　　C) BackboneFast　　D) BPDU Filter

(21) 以下关于 TFTP 的描述中错误的是______。

A) TFTP 不支持客户端与服务器之间复杂的交互过程

B) TFTP 有权限控制

C) 作为 TFTP 服务器的可以是运行 Windows 系统的个人计算机，也可以是运行 UNIX 系统的服务器

D) 在使用 TFTP 配置路由器前，在 TFTP 服务器上必须安装并运行 TFTP 服务器软件

(22) 以下关于 loopback 接口配置的叙述中，错误的是______。

A) 在路由器上，loopback 接口没有与其他网络结点连接的物理链路

B) loopback 可以作为 OSPF 和 RIP 的 router id

C) 在每台路由器上都配置有 loopback 接口，它永远处于激活状态

D) loopback 接口号的有效值为 0～2147483647

(23) OSPF 和 RIP 都是 Internet 中的路由协议，与 RIP 相比，OSPF 有许多优点，但不属 OSPF 的优点的是______。

A) 没有跳数的限制　　B) 更快的收敛性

C) 扩大了网络规模　　D) 更低的路由开销

(24) 以下关于 DHCP 的描述中错误的是______。

A) DHCP 采用客户-服务器工作模式

B) 在网络上，只允许配置一台 DHCP 服务器

C) DHCP 服务器可以是一台路由器或第三层交换机

D) Cisco 路由器允许在一台服务器上建立多个地址池

(25) 以下关于无线局域网的设计的描述中，错误的是______。

A) 在无线网络的初步调查阶段，设计者不仅要关注与现有的有线网络相关的方方面面，同样也要关注用户对现有网络的使用情况

B) 在初步设计时，要把终端或移动 PC 考虑到设计以及网络费用中

C) 在详细设计阶段，要确保任何在初步设计评审中所制定的功能改变都不会影响到设计的整体方案

D) 文档的产生过程要与整个设计和实施过程基本保持一致

(26) 以下关于无线局域网硬件设备特征的描述中，错误的是______。

A) 无线网卡是无线局域网中最基本的硬件

B) 无线接入点 AP 基本功能是集合无线或者有线终端，其作用类似于有线局域网中的集线器和交换机

C) 无线接入点可以增加更多功能，不需要无线网桥、无线路由器和无线网关

D) 无线路由器和无线网关是具有路由功能的 AP，一般情况下它具有 NAT 功能

(27) IEEE802.11i 定义的安全协议是______。

A) TKIP　　B) PGP　　C) WEP　　D) AES

(28) DNS 服务器可以按层次分类，以下______不是这种分类中的 DNS 服务器。

A) 根 DNS 服务器　　B) 顶级域(TLD)服务器

C) 权威 DNS 服务器　　D) 主 DNS 服务器

(29) 通常采用 IP 地址与 MAC 地址绑定的策略为某些设备(如服务器)分配固定的 IP 地址。用鼠标单击______选项可进行 IP 地址与 MAC 地址的绑定设置。

A) 地址池　　B) 地址租约　　C) 作用域选项　　D) 保留

(30) 建立 WWW 服务器或网站，首先应该进入 DNS 管理单元，即打开______。

A) 管理工具　　B) 开始菜单

C) 信息服务(IIS)管理器　　D) 添加删除程序

(31) FTP 服务器的域创建完成后，需要添加用户才能被客户端访问。用户包括匿名用户和命名用户。在用户名称文本对话框中输入______，系统会自动判定为匿名用户，将不会要求输入密码而直接要求输入主目录。

A) U-anonymous　　B) user1　　C) anonymous　　D) user2

(32) 以下均是邮件系统的工作过程，正确的顺序是______。

① 用户使用客户端创建新邮件；

② 发送方邮件服务器使用 SMTP 将邮件发送到接收方的邮件服务器，接收方的邮件服务器将收到的邮件存储在用户的邮箱中，并等待用户处理；

③ 客户端软件使用 SMTP 将邮件发到发送方的邮件服务器；

④ 接收方客户端软件使用 POP3/IMAP4 从邮件服务器中读取邮件。

A) ①②③④　　B) ①③②④　　C) ①④②③　　D) ①②④③

(33) 下面关于完全备份的说法错误的是______。

A) 完全备份在备份大量数据时，所需时间会较长

B) 完全备份比较复杂，不易理解

C) 因为完全备份是备份所有的数据，每次备份的工作量很大

D) 在备份文件中有大量的数据是重复的

(34) 某 PIX 525 防火墙有如下配置命令，该命令的正确解释是______。

firewall(config)＃nat(inside) 1 0.0.0.0 0.0.0.0

A) 启用 NAT,设定内网的 0.0.0.0 主机可访问外网 0.0.0.0 主机

B) 启用 NAT,设定内网的所有主机均可访问外网

C) 对访问外网的内网主机不作地址转换

D) 对访问外网的内网主机进行任意的地址转换

(35) 若用穷举法破译,假设计算机处理速度为 1 密钥/微秒,则______一定能破译 56 比特密钥生成的密文。

A) 71 分钟　　B) 1.2×10^3 年　　C) 2.3×10^3 年　　D) 4.6×10^3 年

(36) 不属于将入侵检测系统部署在 DMZ 中的优点是______。

A) 可以查看受保护区域主机被攻击的状态

B) 可以检测防火墙系统的策略配置是否合理

C) 可以检测 DMZ 被黑客攻击的重点

D) 可以审计来自 Internet 上对受保护网络的攻击类型

(37) ping 命令发送以下______个报文。

A) 4　　B) 10　　C) 32　　D) 64

(38) 在某台感染 ARP 特洛伊木马的 Windows 主机中运行"arp-a"命令,系统显示的提示信息如下图所示。

```
C:\WINDOWS\system32\cmd.exe

C:\Documents and Settings\Administrator>arp -a

Interface: 172.18.130.87 --- 0x10006
  Internet Address      Physical Address      Type
  172.18.130.65         00-07-b3-d4-af-00     dynamic
```

图中可能被 ARP 特洛伊木马修改过的参数是______。

A) 172.18.130.65　B) 172.18.130.87　C) 0x10006　D) 00-07-b3-d4-af-00

(39) 以下不属于协议欺骗攻击的是______。

A) ARP 欺骗攻击　B) 源路由欺骗攻击　C) IP 欺骗攻击　D) Smurf 攻击

(40) 以下______在实际中一般用于电信网络管理。

A) OSI　　B) SNMP　　C) SMTP　　D) CMIP

二、综合题(每空 2 分,共 40 分)

1. 计算并填写表 1。

表 1

IP 地址	202.113.126.168
子网掩码	255.255.255.224
地址类别	【1】
网络地址	【2】
受限广播地址	【3】
主机号	【4】
可用 IP 地址范围	【5】

2. 某单位内部网络拓扑结构如图 1 所示，在该网络中采用 RIP 路由协议。

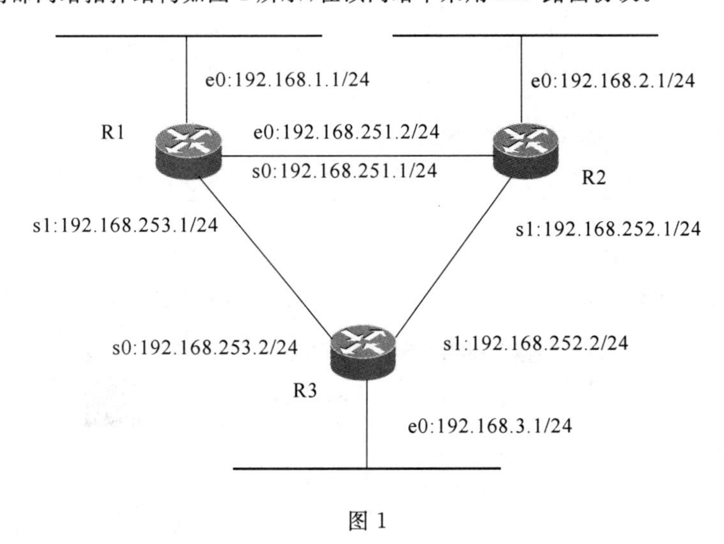

图 1

以下是路由器 R1 的部分配置，请补充【6】～【10】空白处完成其配置。

```
!
R1(config) # interface fastethernet0
R1(config-if) # ip address  【6】  255.255.255.0
R1(config-if) #  【7】                      (开启端口)
!
R1(config) # interface serial 0
R1(config-if) # ip address  192.168.251.1  【8】
!
R1(config) # ip routing
R1(config) # router rip                              (进入 RIP 配置模式)
R1(config-router) # network 192.168.1.0              (声明网络)
R1(config-router) # network 192.168.251.0            (声明网络)
R1(config-router) #  【9】                           (声明网络)
R1(config-router) #  【10】                          (设置 RIP 协议版本 2)
!
```

3. 某公司使用 DHCP 服务器对公司内部主机的 IP 地址进行管理，已知：

1) 该公司共有 40 个可用 IP 地址为 59.64.22.11～59.64.22.50；

2) DHCP 服务器选用 Windows 2003 Server，其 IP 地址为 59.64.22.12；

3) DHCP 客户机使用的操作系统是 Windows XP。

请回答下列问题：

(1) DHCP 客户机得到图 2 所示信息使用的命令是 【11】 。

```
Ethernet adapter 本地连接:
  Connection-specific DNS Suffix:
  Description...........:Broadcom 440x 10/100 Integrated Controller
  Physical Address.........:00-0F-1F-52-EF-F6
  Dhcp Enabled...........:Yes
  Autoconfiguration Enabled....:Yes
  IP Address..........:59.64.22.50
  Subnet Mask..........:255.255.255.192
  Default Gateway.........:59.64.22.11
  DHCP Servers...........:59.64.22.12
  DNS Servers.............:59.64.22.13
  Lease Obtained.........:2007年12月14日 14:29:03
  Lease Expites...........:2007年12月22日 14:29:03
```

图 2

(2) 如图 3 所示 DHCP 服务器作用域的配置界面中,长度域输入的数值应是 【12】 。

新建作用域向导

IP 地址范围

您通过确定一组连续的 IP 地址来定义作用域地址范围。

输入此作用域分配的地址范围。

起始 IP 地址(S): 59 .64 .22 .11

结束 IP 地址(E): 59 .64 .22 .50

子网掩码定义 IP 地址的多少位用作网络/子网 ID,多少位用作主机 ID。您可以用长度或 IP 地址来指定子网掩码。

长度(L):

子网掩码(U):

< 上一步(B) 下一步(N) > 取消

图 3

(3) 在能为客户机分配地址之前,还必须执行的操作是 【13】 。

(4) DHCP 服务器要为一个客户机分配固定 IP 地址时,需要执行的操作是 【14】 。

(5) DHCP 客户机要释放已获取的 IP 地址时,使用的命令是 【15】 。

4. Sniffer 捕获的数据包如图 4 所示。

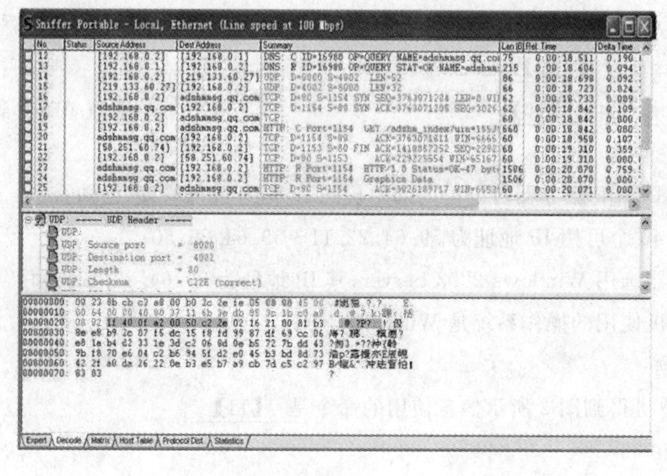

图 4

根据图 4 回答问题。

(1) 该主机的 IP 地址是 【16】 。

(2) 该主机上正在浏览的网站是 【17】 。

(3) 该主机上设置的 DNS 服务器的 IP 地址是 【18】 。

(4) 该主机采用 HTTP 协议进行通信时，使用的源端口是 【19】 。

(5) 根据图中“No.”栏中的信息，标识 TCP 连接 3 次握手过程完成的数据包的标号是 【20】 。

三、应用题(共 20 分)

某公司内部组建了 100BaseTX 局域网，其结构图如图 5 所示。请根据网络结构图回答以下有关问题。

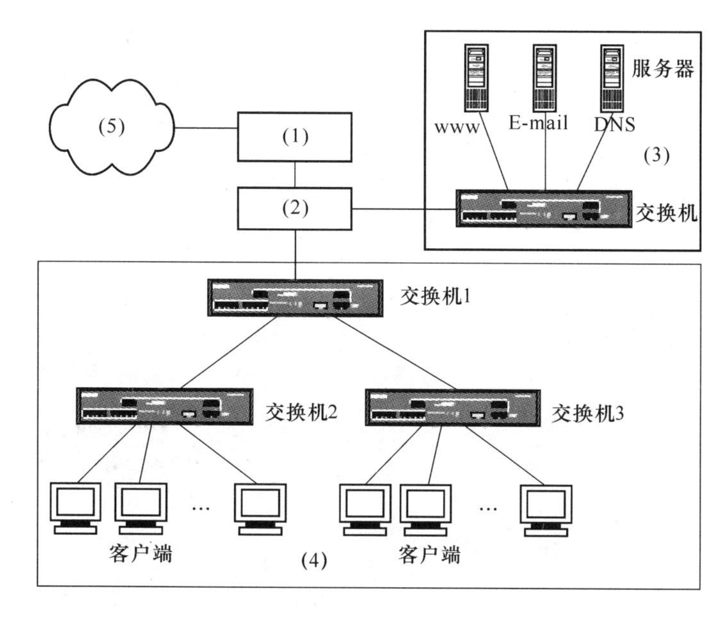

图 5

1) 图中(1)、(2)中各采用什么设备？

2) 填写出图(3)、(4)、(5)区域的名称。

3) 为保护内部局域网用户，常用安全防护系统有哪些？

4) 交换机 1 与交换机 2 都没有 Uplink 口，应使用什么类型的双绞线互联？如何制作？两交换机间的距离不能超过多少米？

★专家押题试卷

全国计算机等级考试四级专家押题试卷二

四级网络工程师

2

注意事项

一、考生应严格遵守考场规则，得到监考人员指令后方可作答。

二、考生拿到试卷后应首先将自己的姓名、准考证号等内容涂写在答题卡的相应位置上。

三、选择题答案必须用铅笔填涂在答题卡的相应位置上，填空题的答案必须用蓝、黑色钢笔或圆珠笔写在答题卡的相应位置上，答案写在试卷上无效。

四、注意字迹清楚，保持卷面整洁。

五、考试结束将试卷和答题卡放在桌上，不得带走。待监考人员收毕清点后，方可离场。

全国计算机等级考试四级专家押题试卷二
四级网络工程师

（考试时间 120 分钟，满分 100 分）

一、选择题(每小题 1 分，共 40 分)

(1) 设计一个宽带城域网将涉及"3 个平台与 1 个出口"。其中，______是基础平台。

A) 管理平台　B) 业务平台　C) 网络平台　D) 宽带光传输平台

(2) 解决技术选择与设备选型问题，是组建可运营宽带城域网需要遵循的______原则。

A) 可运营性　B) 可管理性　C) 可盈利性　D) 可扩展性

(3) ADSL 技术提供的非对称带宽特性，其下行速率在______。

A) 64 kbps～640 kbps　B) 640 kbps～1.5 Mbps

C) 500 kbps～7 Mbps　D) 5 Mbps～10 Mbps

(4) 下列关于 IEEE 802.16 标准的描述中，错误的是______。

A) IEEE 802.16 标准重点在于解决建筑物之间的数据通信问题

B) IEEE 802.16 标准需要基站之间采用全双工工作方式

C) IEEE 802.16d 主要针对火车、汽车等移动物体的无线通信标准问题

D) IEEE 802.16e 最高传输速率为 30 Mbps

(5) 以下关于基于网络的信息系统基本结构说法中，错误的是______。

A) 网络运行环境主要包括机房、电源 2 部分

B) 支持信息系统的网络平台包括网络基础设施、网络设备 2 部分

C) 网络应用软件开发与运行环境包括数据库管理系统、网络软件开发工具和网络应用系统

D) 完整的网络信息系统应包括网络安全系统、网络管理系统 2 部分

(6) 以下关于路由器关键技术指标的描述中，错误的是______。

A) 路由器的吞吐量与路由器端口数量、端口速率、包长度、包类型有关

B) 通常，高性能路由器采用交换式结构，其背板能力决定了吞吐量

C) 丢包率通常是衡量路由器超负荷工作时的性能指标之一

D) 延时抖动作为衡量高速路由器的主要指标之一

(7) 大型企业网基本结构采用 3 层结构的经验数据是：结点数在______个。

A) 100～500　B) 150～800　C) 200～1 000　D) 250～5 000

(8) 某企业网内部使用的地址块是 172.18.192.0/27，该企业网每个子网可分配的主机地址数是______台。

A) 14　　B) 30　　C) 62　　D) 126

(9) 根据网络总体设计中物理拓扑设计的参数，确定网络中最大网段已有的和可能扩展的主机数量和______。

A) 网络中最多可能使用的子网掩码数量　B) 网络中最多可能使用的广播地址数量

C) 网络中最多可能使用的主机地址数量　D) 网络中最多可能使用的子网数量

(10) 进行路由汇聚时，地址块 172.16.112.0/20 能覆盖的路由地址有 172.16.119.0/24、172.16.121.0/24、172.16.123.0/24 和______。

A) 172.16.110.0/21　　B) 172.16.128.0/22

C) 172.16.127.0/22　　D) 172.15.125.0/23

(11) 地址 FF02::2 属于 IPv6 的______地址类型。

A) 单播地址(unicast address)　　B) 组播地址(multicast address)

C) 任意播地址(anycast address)　　D) 广播地址(broadcast address)

(12) 下列关于路由表的描述中，错误的是______。

A) 网络结构变化时，静态路由表无法自动更新

B) 动态路由表由系统自动运行动态路由选择协议，可以自动更新结构

C) 静态路由表一般只用在小型的、结构不会经常改变的局域网系统中

D) 动态路由表通常用于结构经常改变的网络，或者故障查找的试验网络中

(13) 下列关于 OSPF 协议技术特征的描述中，错误的是______。

A) 1 个自治系统内部只有 1 个主干区域

B) 在主干区域内由 AS 边界路由器专门与其他 AS 交换路由信息

C) 主干区域连接各个区域的路由器称为区域边界路由器

D) 主干边界路由器接收从其他区域传来的信息

(14) 以下关于边界网关协议的描述中，错误的是______。

A) BGP 协议于 1989 年公布，1995 年发布了称为 Internet 草案标准协议的 BGP-4

B) 不同自治系统之间存在的度量的差异，使得难以计算出有意义的系统开销

C) 自治系统之间的路由选择必须考虑有关政治、安全、经济费用等因素，制定最佳策略

D) 因特网规模太大，致使自治系统之间路由表太大，域间路由实现困难

(15) 下列关于综合布线系统的描述中，错误的是______。

A) 网络拓扑结构的组合逻辑描述了网络单元的邻接关系

B) 综合布线系统主要有传输介质和连接设备两类布线部件

C) 综合布线系统常用的传输介质有双绞线和光缆

D) 工程设备配置是指各种配线架、布线子系统、传输介质和信息插座等的配置

(16) 以下列选项中，自动协商优先级最高的是______。

A) 10Base-Tx 半双工模式　　B) 10Base-Tx 全双工模式

C) 100Base-Tx 半双工模式　　D) 100Base-T4 半双工模式

(17) 下列关于 VLAN 的描述中，错误的是______。

A) 可以隔离冲突域，也可以隔离广播域

B) VLAN 间相互通信必须通过路由器来完成

C) 可以限制网上的计算机互相访问的权限

D) 只能在同一个物理网络上的主机进行逻辑分组

(18) 通常，使用普通交换机连接的一组工作站______。

A) 同属一个冲突域，也同属一个广播域　B) 不属一个冲突域，但同属一个广播域

C) 同属一个冲突域，但不属一个广播域　D) 不属一个冲突域，也不属一个广播域

(19) 连接在不同交换机上的，属于同一 VLAN 的数据帧必须通过______传输。

A) Uplink 链路　B) PortFast 链路　C) Backbone 链路　D) Trunk 链路

(20) 如果要彻底退出交换机的配置模式，输入的命令是______。

A) exit　B) no config-mode　C) Ctrl＋c　D) Ctrl＋z

(21) 某运行 RIP 的校园网拓扑结构图如下图所示。在路由器 RouterA 上定义一条从 Internet 到达校园网内部 192.168.1.0/24 网段的静态路由，完成此任务的配置语句是______。

A) ip route 192.168.1.0　0.0.0.255　10.0.0.2

B) ip route 192.168.1.0　0.0.0.255　S0/1

C) ip route 192.168.1.0　255.255.255.0　S0/0

D) ip route 192.168.0.0　255.255.255.0 f0/0

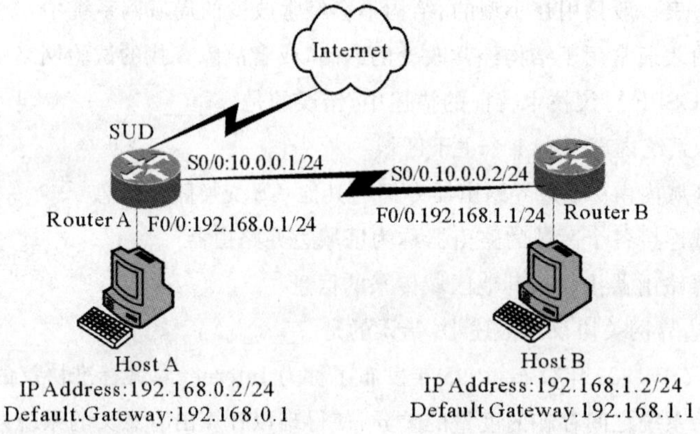

(22) 可以在 RIP 配置模式下使用“neighbor”命令指定邻居路由器，以______方式发送路由更新信息。

A) 单播　B) 广播　C) 组播　D) 多播

(23) 在配置 OSPF 路由协议命令“network 192.168.10.10 0.0.0.63 area 0”中，最后的数字“0”表示______。

A) 主干区域　B) 无效区域　C) 辅助区域　D) 最小区域

(24) 在某台路由器上定义了一条访问控制列表 access-list 109 deny icmp 10.1.10.10 0.0.255.255 any host-unreachable，其含义是______。

A) 规则序列号是 109，禁止到 10.1.10.10 主机的所有主机不可达 ICMP 报文

B) 规则序列号是 109，禁止到 10.1.0.0/16 网段的所有主机不可达 ICMP 报文

C) 规则序列号是 109，禁止从 10.1.0.0/16 网段来的所有主机不可达 ICMP 报文

D) 规则序列号是 109，禁止从 10.1.10.10 主机来的所有主机不可达 ICMP 报文

(25) 无线网络是计算机网络与______相结合的产物。

A) 卫星通信技术　B) 红外技术　C) 蓝牙技术　D) 无线通信技术

(26) 在 802.11 定义的各种业务中,优先级最低的是______。

A) 分布式竞争访问　　B) 带应答的分布式协调功能

C) 服务访问结点轮询　　D) 请求脑答式通信

(27) 802.11b 定义了无线网的安全协议(WEP,Wire Equivalent Privacy)。以下关于 WEP 的描述中,不正确的是______。

A) WEP 使用 RC4 流加密协议　　B) WEP 支持 40 位密钥和 128 位密钥

C) WEP 支持端到瑞的加密和认证　　D) WEP 是一种对称密钥机制

(28) DNS 服务器的构建任务主要包括______。

A) 为 Windows 2003 服务器设置固定的 IP 地址,在 Windows 2003 下安装 DNS 服务器

B) 创建正向查找、反向查找区域,创建主机地址资源记录

C) 测试 DNS 服务器

D) 以上全部

(29) 如果 DHCP 客户机接受 DHCP 服务器所提供的相关参数,就通过广播"______"消息向服务器请求提供 IP 地址。

A) DHCP 供给　　B) DHCP 请求　　C) DHCP 发现　　D) DHCP 确认

(30) 在设置目录安全选项时,使用"目录安全性"选项卡设置 IIS 安全性功能,从而在授权访问受限制的内容之前确认用户的用户标识。可以选择 3 种配置方法:身份验证和访问控制、______、安全通信。

A) IP 地址　　B) 域名限制

C) IP 地址和域名限制　　D) TCP 端口限制

(31) 使用 FTP 可传送任何类型的文件,在进行文件传送时,FTP 客户机和服务器之间要建立 2 个连接:控制连接和______。

A) TCP 连接　　B) 网络连接　　C) 数据连接　　D) IP 连接

(32) E-mail 服务器构建任务主要为______。

A) 在 Windows 2003 下安装 Winmail 邮件服务器软件

B) 管理配置 Winmail 邮件服务器

C) 测试 Winmail 邮件服务器

D) 以上全部

(33) 以下关于增量备份的描述中,不正确的是______。

A) 增量备份可靠性相对比较好

B) 增量备份比完全备份更快、更小

C) 增量备份只备份相对于上一次备份操作以来新创建或者更新过的数据

D) 增量备份技术有几种使用方式,包括:偶尔进行完全备份,频繁地进行增量备份;"完全备份+增量备份";简单的"增量备份"

(34) 若某公司允许内部局域网内所有主机可以对外访问 Internet,则在其网络边界防火墙 Cisco PIX 525 需要执行的配置语句可能是______。

A) Pix525(config)# nat(inside)　　1 0.0.0.0 0.0.0.0

B) Pix525(config)# static(inside)　　0.0.0.0 255.255.255.255

C) Pix525(config)# conduit(inside)　　1 255.255.255.255 0.0.0.0

D) Pix525(config)#nat(inside) 1 255.255.255.255 0.0.0.0

(35)在公钥加密机制中,公开的是______。

A) 解密密钥　B) 加密密钥　C) 明文　D) 加密密钥和解密密钥

(36) 按照检测数据的来源,可将入侵检测系统(IDS)分为______。

A) 基于网络的 IDS 和基于主机的 IDS

B) 基于服务器的 IDS 和基于域控制器的 IDS

C) 基于主机的 IDS 和基于域控制器的 IDS

D) 基于浏览器的 IDS 和基于网络的 IDS

(37) ping 命令发送以下______个报文。

A) 4　B) 10　C) 32　D) 64

(38) 在 Windows 2003 操作系统的 cmd 窗口中,运行______命令后可得到如下图所示的系统输出信息。

```
C:\WINDOWS\system32\cmd.exe

Proto  Local Address          Foreign Address        State
TCP    Fisher:2312            localhost:2313         ESTABLISHED
TCP    Fisher:2313            localhost:2312         ESTABLISHED
TCP    Fisher:2315            localhost:2316         ESTABLISHED
TCP    Fisher:2316            localhost:2315         ESTABLISHED
TCP    Fisher:5152            localhost:1653         CLOSE_WAIT
TCP    Fisher:1800            60.28.210.4:9000       CLOSE_WAIT
TCP    Fisher:1801            220.180.211.21:http    CLOSE_WAIT
TCP    Fisher:2319            123.112.72.190:11225   ESTABLISHED
TCP    Fisher:2503            123.152.0.44:2493      ESTABLISHED
TCP    Fisher:3140            119.147.15.30:http     CLOSE_WAIT
TCP    Fisher:3157            m12-208.163.com:http   CLOSE_WAIT
TCP    Fisher:3175            122.76.49.36:http      ESTABLISHED
TCP    Fisher:3197            59.74.45.22:http       TIME_WAIT
TCP    Fisher:4061            162.117.133.219.broad.sz.gd.dynamic.163data.com.
cn:5927 ESTABLISHED
```

A) ipconfig/all　B) ping　C) netstat　D) nslookup

(39) 以下不属于协议欺骗攻击的是______。

A) ARP 欺骗攻击　B) 源路由欺骗攻击　C) IP 欺骗攻击　D) Smurf 攻击

(40) 以下______在实际中一般用于电信网络管理。

A) OSI　B) SNMP　C) SMTP　D) CMIP

二、综合题(每空 2 分,共 40 分)

1. 计算并填写表 1。

表 1

IP 地址	138.220.156.29
子网掩码	255.255.224.0
地址类别	【1】
网络地址	【2】
主机号	【3】
直接广播地址	【4】
子网内的最后一个可用 IP 地址	【5】

2. 如图 1 所示,一台 Cisco3500 系列交换机上连接 2 台计算机,它们分别划分在 VLAN10(ID 号为 10)和 VLAN11(ID 号为 11)中。交换机的千兆以太网端口(g0/1)连接一台路由器,使 2 个 VLAN 之

间能够通信，交换机管理地址为167.11.45.2/24，默认路由地址为167.11.45.1/24。

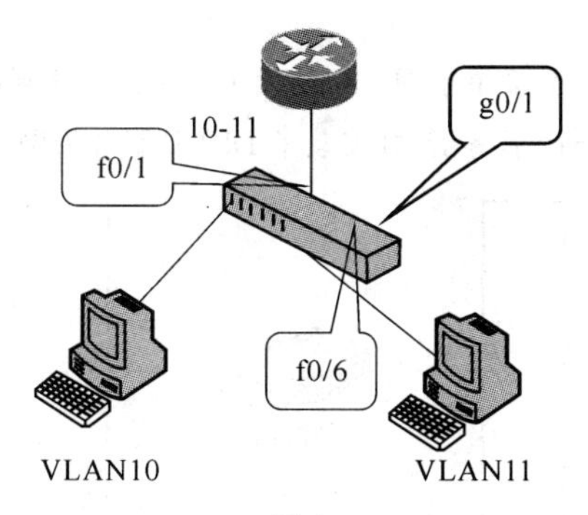

图 1

请阅读以下交换机的配置信息，并补充【6】～【10】空白处的配置命令或参数，按题目要求完成交换机的配置（注：填写答案时，配置语句的关键字要求拼写完整）。

```
Switch-3548>enabel
Password:***********
Switch-3548#
Switch-3548# configure terminal
Switch-lib(config)# hostname Switch-lib
Switch-lib(config)#interface vlan 1
Switch-lib(config-if)#no shutdown
Switch-lib(config-if)#ip address 【6】            配置交换机管理地址
Switch-lib(config-if)#exit
Switch-lib(config)# ip default-gateway 167.11.45.1
Switch-lib(config)# vtp domain lib
Switch-lib(config)# vtp mode transparent
Switch-lib(config)#exit
Switch-lib # vlan data
Switch-lib(vlan)# vlan 【7】                      建立VLAN10
…                                                建立VLAN11(省略)
Switch-lib(vlan)# exit
Switch-lib# configure terminal
Switch-lib(config) #interface f0/1
Switch-lib(config-if) #no shutdown
Switch-lib(config-if) #switchport 【8】           为端口f0/1分配VLAN
Switch-lib(config-if) #exit
Switch-lib(config) #interface g0/1
Switch-lib(config-if) #switchport 【9】           设置VLAN trunk模式
Switch-lib(config-if) #switchport trunk encapsulation dotlq
Switch-lib(config-if) #switchport trunk 【10】    配置允许中继的VLAN
Switch-lib(config-if) #exit
```

Switch-lib(config) ＃exit

Switch-lib ＃

3. 某单位网络由 2 个子网组成，2 个子网之间使用了一台路由器互联，如图 2 所示。在子网 1 中，服务器 A 是一台 Windows 2003 Server 服务器，并安装了 DHCP 服务为网络中的计算机自动分配 IP 地址。

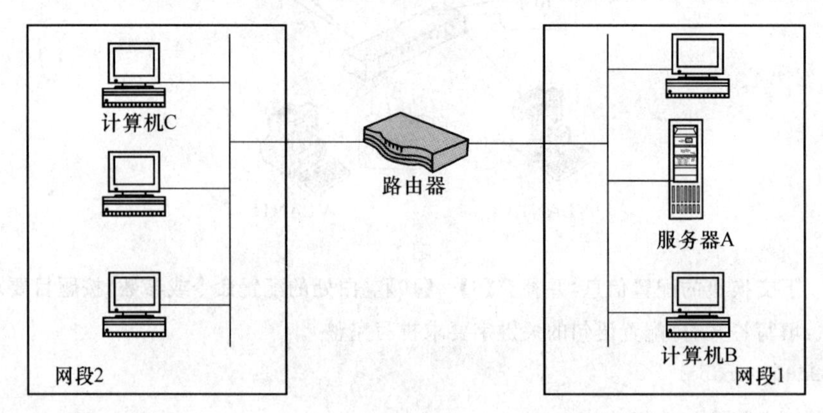

图 2

请回答以下问题。

(1) 实现 IP 地址动态分配的过程如下：

① 客户端向服务器广播 DHCPDISCOVER 报文，此报文源地址为 【11】 ，目标地址为 【12】 。

② 服务器返回 DHCPOFFER 报文。

③ 客户设置服务器 ID 和 IP 地址，并发送给服务器一个 DHCPREQUEST 报文。

④ 服务器返回 DHCPACK 报文。

客户收到的数据包中应包含客户的 【13】 地址，后面跟着服务器能提供的 IP 地址、子网掩码、租约期限以及 DHCP 服务器的 【14】 地址。客户进行 ARP 检测，如果觉得有问题，发送 DHCPDECLINE 报文；如果觉得没有问题，就接受这个配置参数。

(2) 若要确定子网 2 中计算机 C 能否直接从服务器 A 中租约 IP 地址，需要 【15】 。

4. 图 3 是一台主机上用 sniffer 捕捉的数据包，请根据显示的信息回答下列问题。

```
IP: ----- IP Header -----
IP:
IP: Version = 4, header length = 20 bytes
IP: Type of service = 00
IP:       000. ....  = routine
IP:       ...0 .... = normal delay
IP:       .... 0... = normal throughput
IP:       .... .0.. = normal reliability
IP:       .... ..0. = ECT bit - transport protocol
IP:       .... ...0 = CE bit - no congestion
IP: Total length      = 166 bytes
IP: Identification    = 32897
IP: Flags             = 0X
IP:       .0.. .... = may fragment
IP:       ..0. .... = last fragment
IP: Fragment offset = 0 bytes
IP: Time to live      = 64 seconds/hops
IP: Protocol          = 17 (UDP)
IP: Header checksum = 7A58 (correct)
IP: Source address        = [172.16.19.1]
IP: Destination address = [172.16.20.76]
IP: No options
IP:
```

图 3

(1) IP 报文的源地址是 【16】 ,目标地址是 【17】 。

(2) 携带的协议是 【18】 。

(3) 从图中的信息可知,该数据包所携带的数据部分的大小为 【19】 。

(4) 该 IP 数据包在传输过程中是否允许分片?(回答是或者否) 【20】

三、应用题(共 20 分)

最佳管理的园区网通常是按照分级模型来设计的。在分级设计模型中,通常把网络设计分为 3 层,即核心层、汇聚层和接入层。如图 4 所示的是某公司的网络拓扑图,但该公司采用紧缩核心模型,即将核心层和汇聚层由同一交换机来完成。

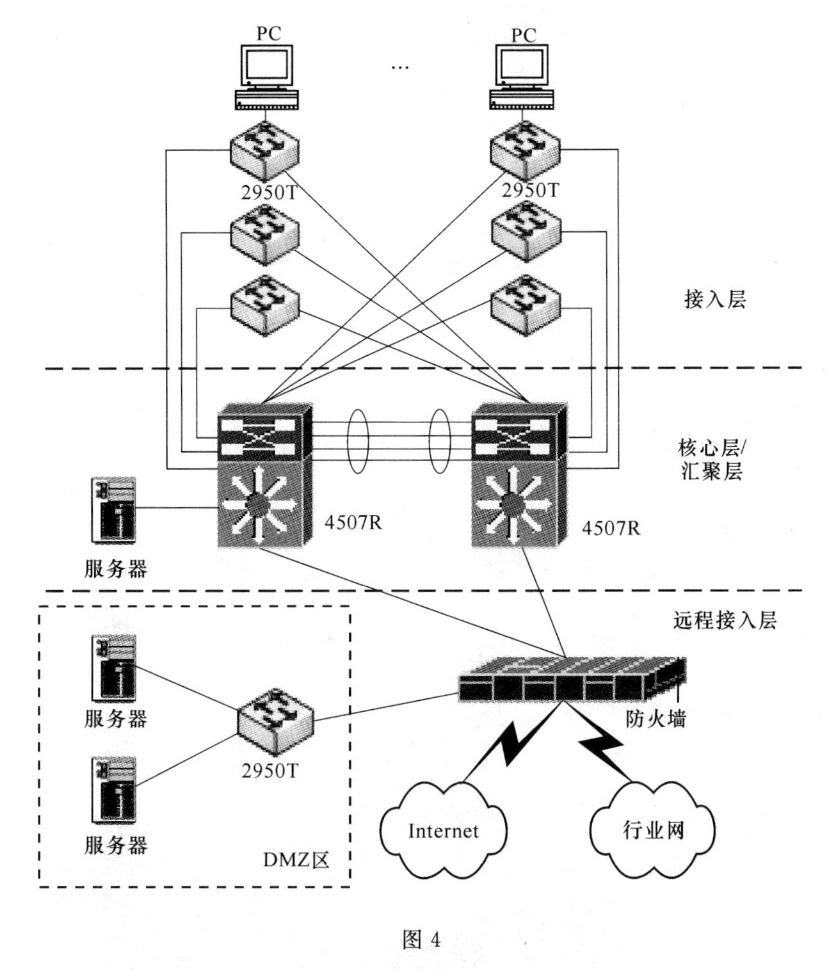

图 4

(1) 在分级设计模型中,核心层应具有什么样的特征?路由功能主要由哪一层来完成?

(2) 公司网络中的设备或系统(包括:存储商业机密的数据库服务器、邮件服务器,存储资源代码的 PC、应用网关、存储私人信息的 PC、电子商务系统)哪些应放在 DMZ 中,哪些应放在内网中?并给予简要说明。

(3) 在图 4 中,2 台三层交换机 4507R 互为备份,它们之间是通过多条双绞线连接,构成了网络环路,但不会产生广播风暴而影响网络的稳定性,这是为什么?如果希望在这多条双绞线中既要实现链路冗余,又要实现负载均衡,如何实现?

★专家押题试卷

全国计算机等级考试四级专家押题试卷三

四级网络工程师

3

注意事项

一、考生应严格遵守考场规则，得到监考人员指令后方可作答。

二、考生拿到试卷后应首先将自己的姓名、准考证号等内容涂写在答题卡的相应位置上。

三、选择题答案必须用铅笔填涂在答题卡的相应位置上，填空题的答案必须用蓝、黑色钢笔或圆珠笔写在答题卡的相应位置上，答案写在试卷上无效。

四、注意字迹清楚，保持卷面整洁。

五、考试结束将试卷和答题卡放在桌上，不得带走。待监考人员收毕清点后，方可离场。

★专家押题试卷

全国计算机等级考试四级专家押题试卷三
四级网络工程师

（考试时间 120 分钟，满分 100 分）

一、选择题（每小题 1 分，共 40 分）

（1）城域网是以宽带光传输网络为开放平台。它是以______为基础，通过各种网络互联设备，实现语音、数据、图像等服务业务，并与广域网、广播电视网、电话交换网互联互通的本地综合业务网络。

A）OSI 参考模型　　B）Internet

C）IEEE 802LAN 参考模型　　D）TCP/IP

（2）下列关于广域网技术的叙述中，错误的是______。

A）研究的重点是核心交换技术

B）采用广播泛洪的传输方式

C）典型技术包括 PSTN、ISDN、DDN、X. 25、FR 网、ATM 网和光以太网等

D）其发展的一个重要趋势是 IP over SONET/SDH

（3）ADSL 宽带接入方式的最大传输距离可达______。

A）500 m　　B）2 500 m　　C）5 500 m　　D）10 000 m

（4）IEEE 802. 11b 标准定义了使用______技术。

A）红外　　B）蓝牙　　C）跳频扩频　　D）直序扩频

（5）对网络结点地理位置分布情况调查的主要内容，包括用户数量及分布的位置调查、建筑物内部结构情况调查和______调查。

A）建筑物群情况　　B）网络应用需求

C）结构化布线需求　　D）网络安全性需求

（6）假设网络服务器 1 的 CPU 主频为 266 MHz，服务器 2 的 CPU 主频为 333 MHz，且两个 CPU 采用相同的技术，则服务器 2 比服务器 1 的性能约提高______。

A）0. 101　　B）0. 126　　C）0. 201　　D）0. 252

（7）网络设备应该分为核心设备、关键设备与普通设备，这是遵循网络系统安全设计的______原则。

A）可控性　　B）安全有价性　　C）等级性　　D）实用性

（8）某大学分配到的 CIDR 地址块是 165. 52. 0. 64/22，则该地址块的直接广播地址是______。

A）255. 255. 255. 255　　B）165. 52. 0. 255

C）165. 52. 0. 127　　D）165. 52. 3. 255

NATIONAL COMPUTER RANK EXAMINATION

全国计算机等级考试

过关必练

全国计算机等级考试命题研究组 编

真题卷
模拟卷
押题卷

四级网络工程师

赠28元超值光盘：

最新样题库10套全真试题 ★ 详解分析

智能评分系统★ 温故知新功能★轻松引领过关

一本书提供2种实战方式，过关冲刺一步到位！

北京邮电大学出版社
www.buptpress.com

(9) 使用专用地址来规划内部网络地址时需要遵循的基本原则有______。

Ⅰ. 简捷　　Ⅱ. 有效的路由　　Ⅲ. 支持 QoS 服务　　Ⅳ. 便于系统的扩展和管理

A) Ⅰ、Ⅱ和Ⅲ　　B) Ⅱ、Ⅲ和Ⅳ　　C) Ⅰ、Ⅱ和Ⅳ　　D) Ⅰ、Ⅱ、Ⅲ和Ⅳ

(10) 把子网掩码为 255.255.0.0 的网络 36.28.0.0 分为 2 个子网，若第 1 个子网地址为 36.28.64.0/18，则第 2 个子网地址为______。

A) 36.28.0.0/17　　B) 36.28.1.0/17　　C) 36.28.128.0/18　　D) 36.28.192.0/18

(11) 下面的地址中，属于单播地址的是______。

A) 10.3.2.255/24　　B) 172.31.129.255.18

C) 192.168.24.59/30　　D) 224.100.57.211

(12) 下列关于分组转发的描述中，错误的是______。

A) 分组转发是指在互联网络中路由器转发数据帧的物理传输过程和数据报转发机制

B) 当计算机要发送一个 IP 分组时，先将该分组发送到其 TCP/IP 配置中的默认网关

C) 当 IP 分组到达与目的主机所在的网络连接的路由器时，分组将被直接转发

D) 端到端分组转发的路径，由源路由器到目的路由器的路由选择结果确定

(13) 由 RFC1771、RFC1772 文件定义，并已成为 Internet 草案标准协议的边界网关协议版本是______。

A) BGP-2　　B) BGP-4　　C) BGP-6　　D) BGP-IPv6

(14) 经 CIDR 路由聚合后的路由表见下表。如果该路由器接收到目的地址为 172.16.59.37 的分组，则该路由器______。

目标网络	下一跳地址	输出接口	目标网络	下一跳地址	输出接口
172.16.63.240/30	——(直接相连)	S0	172.16.56.0/22	172.16.63.246	S1
172.16.63.244/30	——(直接相连)	S1	172.16.63.0/28	172.16.63.241	S0
172.16.0.0/22	172.16.63.241	S0	172.16.70.16/29	172.16.63.246	Sl

A) 将接收到的分组直接投递给目标主机　　B) 将接收到的分组丢弃

C) 将接收到的分组从 S0 接口转发　　D) 将接收到的分组从 S1 接口转发

(15) 综合布线的首要特点是______。

A) 开放性　　B) 兼容性　　C) 先进性　　D) 灵活性

(16) 以下关于以太网组网的设计方法描述中，错误的是______。

A) 通过在基础集线器上堆叠多个扩展集线器，可以增加以太网的结点数，还可实现对网络中结点的网络管理功能

B) 堆叠式集线器结构适用于中、小型企业网环境，以扩大局域网覆盖范围和增加结点数

C) 对于多集线器级联结构的局域网，所有结点都处于同一个冲突域中

D) 多集线器级联结构的局域网是利用集线器上连端口级联的

(17) 以太网根据______转发数据帧。

A) IP 地址　　B) MAC 地址　　C) 协议类型　　D) PORT 地址

(18) 下列关于 VLAN 的描述中，错误的是______。

A) VLAN 把交换机划分成若干个逻辑上独立的交换机

B) 主干链路(Trunk)可以提供多个 VLAN 之间通信的公共通道

C) 由于包含了多个交换机,因此 VLAN 扩大了冲突域

D) 一个 VLAN 可以跨越交换机

(19) 对交换机的访问有多种方式。当配置一台全新的交换机时,需要______进行访问。

A) 通过浏览器输入该交换机的 IP 地址　B) 通过运行 SNMP 的网管软件

C) 通过 Telnet 程序远程登录　D) 通过串口连接其 Console 端口

(20) 下图是某交换机配置过程中,在配置模式下执行______命令的系统输出信息。

```
Root Bridge for: VLAN0001
Extended system ID is enabled
PortFast BPDU Guard is disabled
EtherChannel misconfiguration guard is enabled
UplinkFast is disabled
BackBoneFast is disabled
Default pathcost method used is short
```

Name	Blocking	Listening	Learning	Forwarding	STP Active
VLAN0001	0	0	0	4	4
1 vlan	0	0	0	4	4

A) show spanning-tree　B) show spanning-tree vlan 1

C) show spanning-tree detail　D) show spanning-tree summary

(21) 路由信息协议 RIPv2 是一种基于______的应用层协议。

A) TCP　B) UDP　C) IP　D) ICMP

(22) 对路由器 A 配置 RIP 协议,并在接口 S0(IP 地址为 172.16.0.1/24)所在网段使用 RIP 路由协议,在配置模式下使用的第一条命令是______。

A) route rip　B) ip routing　C) rip 172.16.0.0　D) network 172.16.0.0

(23) 在广播介质网络 OSPF 配置过程中,在路由器 RouterA 配置于模式下输入 show ip ospf neighbor 命令获得如下图所示的系统输出信息,具有最高路由器 ID 的是______。

A) 10.0.0.1　B) 20.0.0.1　C) 30.0.0.1　D) 40.0.0.1

(24) 访问控制列表 access-list 109 deny ip 10.1.10.10 0.0.255.255 any eq 80 的含义是______。

A) 规则序列号是 109,禁止到 10.1.10.10 主机的 telnet 访问

B) 规则序列号是 109,禁止到 10.1.0.0/16 网段的 www 访问

C) 规则序列号是 109,禁止从 10.1.0.0/16 网段来的 www 访问

D) 规则序列号是 109,禁止从 10.1.10.10 主机来的 rlogin 访问

(25) IEEE802.11b 运作模式基本分为 2 种。其中,______模式是一种点对点连接的网络,无须无线接入点和有线网络的支持,使用无线网卡连接的设备之间可以直接通信。

A) Ad Hoc　B) Infrastructure　C) DiffuseIR　D) Roaming

(26) 下列关于 HiperLAN/2 技术的描述中，错误的是______。

A) HiperLAN/2 采用 5 G 射频频率，上行速率可以达到 54 Mbps

B) HiperLAN/2 可作为第三代蜂窝网络的接入网使用

C) 通常，AP 的覆盖范围在室内为 30 m，在室外为 150 m

D) HiperLAN 是一种被 ANSI 组织所采用的无线局域网通信标准

(27) 下列关于无线局域网设计文档的描述中，错误的是______。

A) 整理文档是设计过程的最后一步，是在整个设计过程的最后阶段着手进行的

B) 线日志是对网络单元以及线路板和接线箱上相关的电缆类型、入口和出口简单的描述

C) 信道计划概述了无线接入点之间的无线频率信道占用情况

D) 故障日志信息能为未来完善网络服务提供准确的参考信息

(28) 在 DNS 服务器中为某个 FTP 站点创建反向查找区域时，以下属于“网络 ID”属性栏不允许输入的参数是______。

A) 11.0　　B) 172.12.223　　C) 202　　D) 112.31.89.1

(29) 配置 DHCP 服务器时需要进行备份，以防网络出现故障时能够及时恢复。正确的备份方法是______。

A) 用鼠标右击 DHCP 服务器的系统名，选择“备份”

B) 用鼠标右击“作用域”，选择“备份”

C) 用鼠标右击“作用域选项”，选择“备份”

D) 用鼠标右击“服务器选项”，选择“备份”

(30) 在 Windows 操作系统中，要实现一台具有多个域名的 Web 服务器，正确的方法是______。

A) 使用虚拟目录　　B) 使用虚拟主机

C) 安装多套 IIS　　D) 为 IIS 配置多个 Web 服务端口

(31) 如果利用 IIS 架构“用户隔离”模式的 FTP 站点，并允许用户匿名访问，则需要在 FTP 站点主目录下的 Local User 子目录中创建名为______的目录。

A) iUser　　B) users　　C) public　　D) anonymous

(32) 在因特网电子邮件系统中，通常电子邮件应用程序______。

A) 发送邮件和接收邮件都使用 SMTP 协议

B) 发送邮件使用 POP3 协议，而接收邮件使用 SMTP 协议

C) 发送邮件使用 SMTP 协议，而接收邮件使用 POP3 协议

D) 发送邮件和接收邮件都使用 POP3 协议

(33) 以下关于 DOS 拒绝服务攻击的描述中，正确的是______。

A) 以窃取受攻击系统上的机密信息为目的

B) 以扫描受攻击系统上的漏洞为目的

C) 以破坏受攻击系统上的数据完整性为目的

D) 以导致受攻击系统无法处理正常请求为目的

(34) 下列关于数据备份设备的描述中，正确的是______。

A) 光盘塔是一种带有自动换盘机构的光盘网络共享设备

B) 光盘网络镜像服务器通过存储局域网络 SAN 系统可形成网络存储系统

C) 磁带库是基于磁带的备份系统，投资小，适用于备份数据量较小的中、小型企业

D) 磁盘阵列将数据备份在多个磁盘上，能提高系统的数据吞吐率

(35) 以下关于网络安全的说法中，错误的是______。

A) 使用无线传输无法防御网络监听

B) 使用日志审计系统有助于定位故障

C) 特洛伊木马是一种蠕虫病毒

D) 使用入侵检测系统可以防止内部攻击

(36) 某 PIX 525 防火墙有如下配置命令，该命令的正确解释是______。

firewall(config) # global(outside) 1 61.144.51.46

A) 当内网的主机访问外网时，将地址统一映射为 61.144.51.46

B) 当外网的主机访问内网时，将地址统一映射为 61.144.51.46

C) 设定防火墙的全局地址为 61.144.51.46

D) 设定交换机的全局地址为 61.144.51.46

(37) 在 Windows 操作系统的 cmd 窗口中，运行"arp -a"命令，系统显示的信息如下图所示。其中，本地主机的 IP 地址是______。

```
D:\>arp -a

Interface: 10.5.1.109 --- 0x10003
  Internet Address Physical Address Type
  10.5.1.1     00-07-b3-d4-af-00  dynamic
  10.5.1.106   00-14-2a-6a-b1-a5  dynamic
  10.5.1.254   00-05-3b-90-23-a0  dynamic
```

A) 10.5.1.1　　B) 10.5.1.106　　C) 10.5.1.109　　D) 10.5.1.254

(38) 下列不属于 Windows 2003"Active Directory 用户和计算机"组作用域选项的是______。

A) 本地作用域　　B) 远程作用域　　C) 通用作用域　　D) 全局作用域

(39) 下列关于 SnifferPro 网络监听模块的描述中，错误的是______。

A) Matrix 实时显示网络各结点的连接信息，并提供统计功能

B) Global Statistics 实时显示网络的数据传输率、带宽利用率和出错率

C) Host Table 以表格或图形方式显示网络中各结点的数据传输情况

D) Application Respone Time 实时监测客户端与服务器的应用连接响应时间

(40) 在某台主机上使用 IE 浏览器无法访问到域名为 www.edu.cn 的网站，并且在这台主机上执行 ping 命令时有如下所示的信息。Internet 上其他用户能正常访问 www.edu.cn 网站。

```
C:\>ping www.edu.cn
Pinging www.edu.cn[202.205.11.71]with 32 bytes of data:
Replay from 202.23.76.93:Destination net unreachable.
Replay from 202.23.76.93:Destination net unreachable.
Replay from 202.23.76.93:Destination net unreachable.
```

Replay from 202.23.76.93: Destination net unreachable.

Ping statistics for 202.205.11.71:

Packets Sent=4 Received=4 Lost=0(0% loss)

Approximate round trip times in milli-seconds:

Minimum=0 ms Maximum=0 ms Average=0 ms

分析上图的信息,可能造成这种现象的原因是______。

A) 该计算机默认网关地址设置有误

B) 网络中路由器有相关拦截的 ACL 规则

C) 该计算机的 TCP/IP 工作不正常

D) 提供 www.edu.cn 域名解析的服务器工作不正常

二、综合题(每空 2 分,共 40 分)

1. 计算并填写表 1。

表 1

IP 地址	215.168.95.105
子网掩码	255.255.255.192
地址类别	【1】
网络地址	【2】
直接广播地址	【3】
受限广播地址	【4】
子网内的第一个可用 IP 地址	【5】

2. 图 1 是某公司利用 Internet 建立的 VPN。

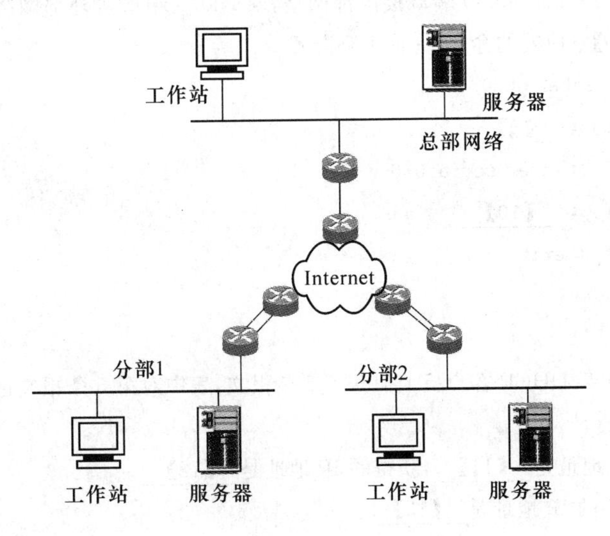

图 1

分部 1 采用 DDN 通过一台路由器接入 Internet。补充【6】～【8】空白处的配置命令，完成下面的路由配置信息。

```
Router>en                                               （进入特权模式）
Router#config terminal                                  （进入全局配置模式）
Router(config)#enable secret cisco                      （设置特权口令）
Router(config)#line vty 0 4
Router(config-line)# 【6】                              （配置 telnet 口令为 goodbad）
Router(config-line)#exit
Router(config)#interface eth0/0                         （进入以太网接口配置模式）
Router(config-if)#ip address 202.117.1.1 255.255.255.0
                                                        （设置 IP 地址和掩码）

Router(config-if)#no shutdown                           （启用以太网接口）
Router(config-if)#exit
Router(config)#interface serial0/0                      （进入串口配置模式）
Router(config-if)#ip address 211.175.132.10 255.255.255.252
                                                        （设置 IP 地址和掩码）
Router(config-if)#bandwidth 256                         （指定带宽为 256K）
Router(config-if)# 【7】                                （设置串口 serial0/0 的数据封装形式为 PPP）
Router(config-if)# 【8】                                （在串口 serial0/0 中禁用 CDP）
Router(config-if)#no shutdown                           （启用 serial 接口）
Router(config-if)#exit
Router(config)#
```

分部 1 的路由器配置为 ethernet0/0 端口接内部网络，serial0/0 端口接外部网络。下列配置指定内外网端口，补充【9】～【10】空白处的命令，完成下列配置。

```
Router(config)#inter eth0/0
Router(config-if)# 【9】
Router(config-if)#inter serial0/0
Router(config-if)# 【10】
Router(config-if)#exit
Router(config)#
```

3. 如图 2 所示，在某 DHCP 客户机上捕获了 5 条报文，表中对第 5 条报文进行了解析。分析捕获的报文，回答下列问题。

(1) 客户机 MAC 地址是__【11】__，获得的 IP 地址是__【12】__。

(2) DHCP 服务器的 IP 地址是__【13】__。

(3) 第 5 条报文的信息类型为__【14】__。

(4) 在 DHCP 服务中设置的默认网关地址是__【15】__。

编号	源 IP 地址	目的 IP 地址	报文摘要	报文捕获时间
1	192.168.1.6	192.168.1.24	DHCP：Request，Type：DHCP release	2009-11-09 20:17:55
2	0.0.0.0	255.255.255.255	DHCP：Request，Type：DHCP discover	2009-11-09 20:18:00
3	192.168.1.24	255.255.255.255	DHCP：Reply，Type：DHCP offer	2009-11-09 20:18:00
4	0.0.0.0	255.255.255.255	DHCP：Request，Type：DHCP request	2009-11-09 20:18:00
5	192.168.1.24	255.255.255.255	DHCP：Reply，Type：DHCP ack	2009-11-09 20:18:00

DHCP:-----DHCP Header-----

DHCP：Boot record type	=2(Reply)
DHCP：Hardware address type	=1(10M Ethernet)
DHCP：Hardware address length	=6bytes
DHCP：Hops	=0
DHCP：Transaction id	=1320324E
DHCP：Elapsed boot time	=0 seconds
DHCP：Flags	=0000
DHCP：0	=no broadcast
DHCP：Client self-assigned address	=[0.0.0.0]
DHCP：Client address	=[192.168.1.6]
DHCP：Next Server to use in bootstrap	=[0.0.0.0]
DHCP：Reply Agent	=[0.0.0.0]
DHCP：Client hardware address	=000A384F3DE9
DHCP：Vendor Information tag	=63825363
DHCP：Message Type	=5(DHCP Ack)
DHCP：Address renewel interal	=345600(seconds)
DHCP：Address rebinding interal	=604800(seconds)
DHCP：Request IP Address interal	=691200(seconds)
DHCP：Subnet mask	=255.255.255.0
DHCP：Gateway address	=[192.168.1.85]
DHCP：Domain Name Server address	=[202.125.53.109]

图 2

4. 图 3 是 sniffer 捕获的数据包。

根据上图回答下列问题。

(1) 该主机的 IP 地址是__【16】__。

(2) 该主机上正在访问的网站是__【17】__。

(3) 该主机上设置的 DNS 服务器的 IP 地址是__【18】__。

(4) 该主机采用 HTTP 协议进行通信时，使用的源端口是__【19】__。

(5) 标号为“7”的数据包“Summary”栏中被隐去的信息中包括 Ack 的值，这个值应为__【20】__。

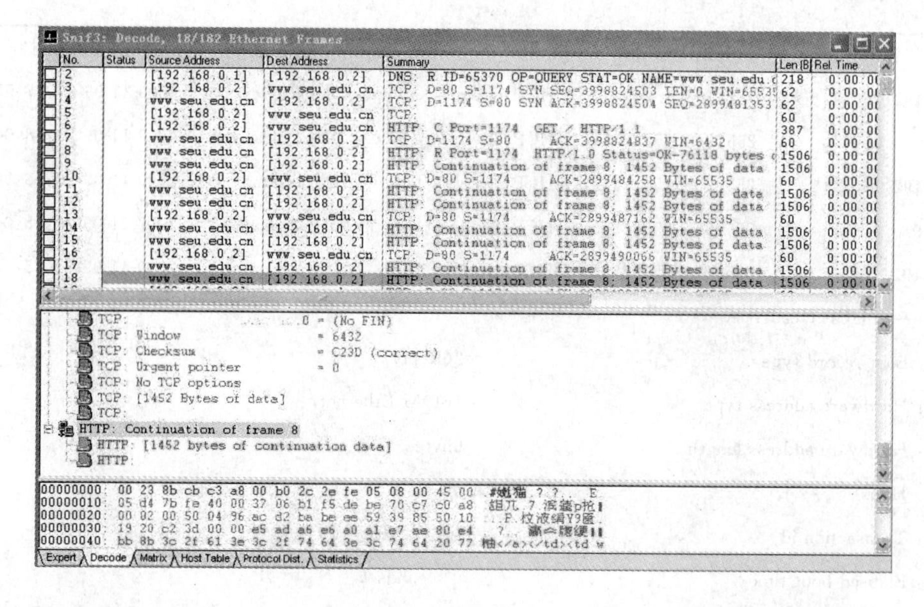

图 3

三、应用题(共 20 分)

某公司要组建一个小型 Windows 局域网,包括 1 台服务器和 10 台 PC,网络结构如图 4 所示。该公司在服务器上建立自己的商业网站,网站域名定为“www. economical. com”。请根据网络结构图回答以下有关问题。

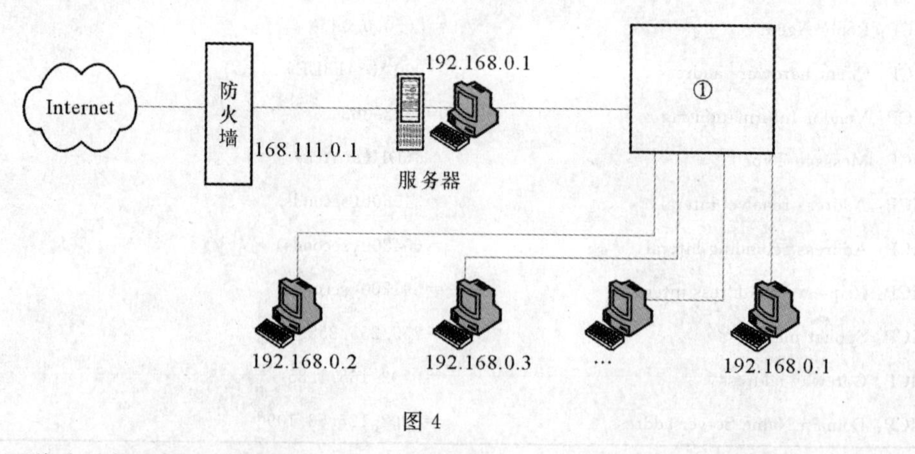

图 4

(1) 为了将公司内所有的计算机连接起来。图 1 中的①处可采用哪 2 种类型的设备?

(2) 该网络的物理拓扑结构是什么类型?

(3) 该公司在服务器上安装了 DNS,以便把公司主页发布到 Internet 上。请问 DNS 的主要功能是什么?

(4) 给出“局域网上所有用户以共享同一 IP 地址方式来访问 Internet”的 2 种解决方案。

(5) 在服务器和 Internet 接入之间安装采用 IP 过滤技术的防火墙,请问 IP 过滤技术是如何实现的?

★专家押题试卷

全国计算机等级考试四级专家押题试卷四

四级网络工程师

4

注意事项

一、考生应严格遵守考场规则，得到监考人员指令后方可作答。

二、考生拿到试卷后应首先将自己的姓名、准考证号等内容涂写在答题卡的相应位置上。

三、选择题答案必须用铅笔填涂在答题卡的相应位置上，填空题的答案必须用蓝、黑色钢笔或圆珠笔写在答题卡的相应位置上，答案写在试卷上无效。

四、注意字迹清楚，保持卷面整洁。

五、考试结束将试卷和答题卡放在桌上，不得带走。待监考人员收毕清点后，方可离场。

全国计算机等级考试四级专家押题试卷四
四级网络工程师

（考试时间 120 分钟，满分 100 分）

一、选择题(每小题 1 分，共 40 分)

(1) 如果说宽带城域网选择网络方案的 3 大驱动因素是成本、可扩展性和易用性的话，那么选择______方案构建宽带城域网是比较恰当的。

A) 基于 SDH　　B) 基于 10GE　　C) 基于 ATM　　D) 基于 RPR

(2) 宽带城域网必须具备 IP 地址分配能力，能够支持动态和静态 IP 地址分配，以及支持______功能。

A) NAT　　B) IPSec　　C) DHCP　　D) SSL

(3) HFC 用户通过有线电视网宽带接入 Internet 的一种方式，其数据传输速率可达______。

A) 8～10 Mbps　　B) 10～36 Mbps　　C) 30～54 Mbps　　D) 50～100 Mbps

(4) IEEE802.11a 标准最高传输速率可达______。

A) 11 Mbps　　B) 54 Mbps　　C) 100 Mbps　　D) 10 Mbps

(5) 不同类型的网络应用对带宽的需求是不相同的。______网络数据传输负荷重，对网络数据的实时性要求高。

A) MIS/OA/Web 应用类　　B) FTP/CAD 应用类

C) 多媒体数据流应用类　　D) E-mail/SNMP 应用类

(6) 有 30 个规模相同的接入交换机，每个接入交换机有 24 个 10 Mbps/100 Mbps 端口，则总的上连带宽至少应选择为______。

A) 120 Mbps　　B) 240 Gbps　　C) 2.4 Gbps　　D) 3.6 Gbps

(7) 下列关于网络服务器的描述中，错误的是______。

A) 按硬件体系结构可分为基于 CISC 结构处理器和基于 MSC 结构处理器 2 种服务器

B) 基于 CISC 结构处理器的服务器 CPU 处理能力与系统 I/O 能力较差

C) 基于 RISC 结构处理器的服务器与相应的 PC 服务器相比，CPU 处理能力能够提高 50%～75%

D) 基于 CISC 结构处理器的服务器不适宜作为高并发应用和大型数据库服务器

(8) 对 A 类、B 类、C 类地址中全局 IP 地址和专用 IP 地址的范围和使用，作出规定的文件是______。

A) RFC1518　　B) RFC1519　　C) RFC3022　　D) RFC3027

(9) 以下给出的地址中，属于子网 197.182.15.19/28 的主机地址是______。

A) 197.182.15.17　B) 197.182.15.14　C) 197.182.15.16　D) 197.182.15.31

(10) 按照 IPv6 的地址表示方法，以下地址中属于 IPv4 地址的是______。

A) 0000:0000:0000:0000:0000:FFFF:1234:1180

B) 0000:0000:0000:1111:1111:FFFF:1234:1180

C) 0000:0000:FFFF:FFFF:FFFF:FFFF:1234:1180

D) FFFF:FFFF:FFFF:FFFF:FFFF:FFFF:1234:1180

(11) 处于 10.3.1.0/24 子网的主机 A，使用"ping"应用程序发送一个目的地址为______的分组，用于测试本地进程之间的通信状况。

A) 10.3.1.255　　B) 127.0.0.1　　C) 10.255.255.255　D) 255.255.255.255

(12) 从路由选择算法对网络拓扑和通信量变化的自适应角度划分，可以分为______。

A) 局部路由选择算法和全局路由选择算法

B) 静态路由选择算法与动态路由选择算法

C) 非适应路由选择算法与变化路由选择算法

D) 固定路由选择算法与适应路由选择算法

(13) 下列关于 RIP v1 路由协议的描述中，错误的是______。

A) 规定的最大跳数为 16　　B) 使用受限广播地址共享本地广播路由信息

C) 默认的路由更新周期为 30 s　　D) 使用距离矢量算法计算最佳路由

(14) 下列关于 BGP 的描述中，错误的是______。

A) 每个自治系统至少要有一个"BGP 发言人"

B) 每个 BGP 发言人需同时运行 BGP 和外部网关协议

C) 一个 BGP 发言人可以构造出树形结构的自治系统连接关系

D) 当 BGP 发言人互相交换网络可达性信息后，就可根据相应的策略从接收到的路由信息中找出到达各自治系统的较好的路由

(15) 以下关于增强型综合布线系统的配置描述中，错误的是______。

A) 每个工作区有 2 个或以上信息插座

B) 每个工作区的配线电缆为 2 条 4 对双绞电缆

C) 每个工作区的干线电缆至少有 1 对双绞线

D) 采用夹接式或插接交接硬件

(16) 快速以太网要求网卡自动协商过程在______内完成。

A) 10 ms　　B) 50 ms　　C) 100 ms　　D) 500 ms

(17) 从内部结构分类，交换机可以分为固定端口交换机和______。

A) 活动端口交换机　　B) 模块式交换机

C) 热拔插交换机　　D) 可扩展端口交换机

(18) 当配置一台新的交换机时，该交换机的所有端口均属于______。

A) VLAN 0　　B) VLAN 1　　C) VLAN 4095　　D) VLAN 4096

(19) 如果两个交换机之间设置多条 Trunk，则需要用不同的端口权值或路径费用来进行负载均衡。默认情况下，端口的权值是______。

A) 64　　B) 128　　C) 256　　D) 1 024

(20) 使某台 Cisco 交换机可以向管理站(IP 地址:10.1.101.1)按照团体名 sysadmin 发送消息，那

么交换机上正确的配置语句是______。

A) snmp-server trap enable

snmp-server sysadmin host 10.1.101.1

B) snmp-server enable trap

snmp-server sysadmin host 10.1.101.1

C) snmp-server trap enable

snmp-server host 10.1.101.1 sysadmin

D) snmp-server enable trap

snmp-server host 10.1.101.1 sysadmin

(21) 某城域网拓扑结构如下图所示。如果该路由器 R1 接收到一个源 IP 地址为 192.168.1.10、目的 IP 地址为 192.168.3.20 的 IP 数据报，那么它将把此 IP 数据报投递到 U 地址为______的路由器端口上。

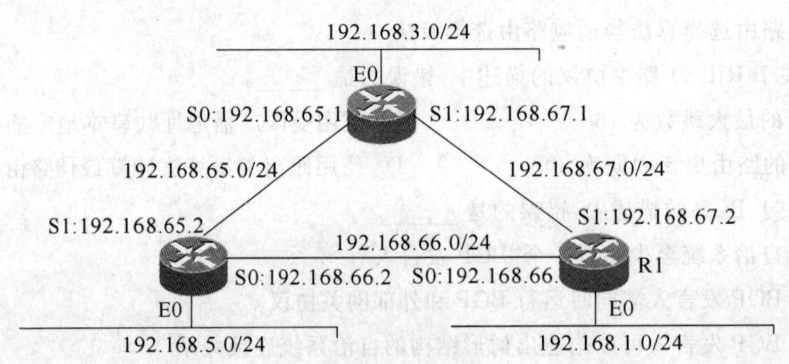

A) 192.168.66.1　B) 192.168.66.2　C) 192.168.67.1　D) 192.168.67.2

(22) 某局域网通过两台路由器划分为 3 个子网，拓扑结构和地址分配如下图所示。

192.168.1.1　192.168.1.2　192.168.2.1　192.168.2.2　192.168.3.1
e0　S0　S0　e0
192.168.1.0/24　192.168.2.0/24　192.168.3.0/24
控制台　R1　R2

以下是在上图所示的拓扑结构中，路由器 R2 的部分配置命令列表，为空缺处选择合适的命令/参数，实现 R2 的正确配置。

R2(config)# ip routing

R2(config)#

A) ip route 0.0.0.0　255.255.255.255　192.168.3.1

B) ip route 0.0.0.0　0.0.0.0　192.168.2.1

C) ip route 0.0.0.0　255.255.255.255　192.168.2.2

D) ip route 0.0.0.0　0.0.0.0　192.168.2.2

(23) 如果不想公布网络中的某些 RIP 路由信息，那么可以采用被动接口配置。将路由器 RouterA Fastethernet 0/0 接口设置为被动接口的配置语句是______。

A) RouterA (Config-router)# assive-interface fastethernet0/0

B) RouterA (Config-if)# passive-interface rip

C) RouterA(Config)＃assive-interface fastethernet0/0

D) RouterA (Config-if)＃rip passive- interface

(24) 只封禁一台 IP 地址为 203.168.47.59 主机的 access-list 的正确配置是______。

A) access-list 110 permit ip any any
access-list 110 deny ip host 203.168.47.59 any
access-list 110 deny ip any host 203.168.47.59

B) access-list 110 deny ip host 203.168.47.59 any
access-list 110 deny ip any host 203.168.47.59
access-list 110 permit ip any any

C) access-list 110 deny ip host 203.168.47.59 any
access-list 110 dcny ip any host 203.168.47.59

D) access-list 110 deny ip host 203.168.47.59 any
access-list 110 permit ip any any
access-list 110 deny ip any host 203.168.47.59

(25) 常用的无线局域网标准不包括______。

A) 蓝牙标准　　B) IEEE 802.11 标准

C) HiperLAN 标准　　D) IEEE 802.16 标准

(26) 下列关于 IEEE 802.11a/b/g 标准的描述中,错误的是______。

A) IEEE802.11b 标准的最大容量为 11 Mbps

B) 在 802.11b 和 802.11g 混合网络中,实际吞吐量将低于 5～7 Mbps

C) 802.11a 与 802.11b 标准不兼容,独立工作在 5 GHz 的 UNI 频段

D) IEEE802.11a 标准可提供的最高数据速率是 54 Mbps

(27)当有多个无线设备时,可以通过设置相应的______配置参数来避免它们之间相互干扰。

A) Operation Mode　　B) ESSID

C) Encryption Level　　D) Channel

(28) 在 DNS 服务器的“新建区域”配置过程中,有多种区域类型可供选择。如果要创建可以直接在此服务器上更新区域的副本,则区域类型应选择______。

A) 主要区域　B) 辅助区域　C) 存根区域　D) 所有区域

(29) 在某服务时刻,下列关于 DHCP 服务器地址池的形式化描述中,正确的是______。

A) 地址池＝作用域地址－排除范围地址＋保留地址－租约地址

B) 地址池＝作用域地址－排除范围地址－保留地址＋租约地址

C) 地址池＝作用域地址－排除范围地址＋保留地址＋租约地址

D) 地址池＝作用域地址－排除范围地址－保留地址－租约地址

(30) 在控制面板的“添加/删除程序”对话框中选择“添加/删除 Windows 组件”,然后进入“应用程序服务器”对话框。接着选中______复选框,依次单击[确定]按钮,即可在 Windows 2003 中安装 Web 服务。

A) ASP.NET　　B) 网络服务

C) Internet 信息服务　　D) 应用程序服务器控制台

(31) Serv-U 软件用户“目录访问”选项卡中,“目录”权限设置不包括______。

A) 列表　　B) 建立　　C) 移动　　D) 删除

(32) 以系统管理员身份登录 Windows Server 2003 系统,可以通过“添加/删除 Windows 组件”来安装 POP3 和 SMTP 服务组件,也可以通过______来安装这两个服务组件。

A) Active Directory　　B) 服务器角色

C) Internet 信息服务(IIS)　　D) 域林(Domain Forest)

(33) P2DR 模型是一种常见的网络安全模型,其主要包括______。

Ⅰ. 检测　Ⅱ. 日志　Ⅲ. 防护　Ⅳ. 备份　Ⅴ. 策略　Ⅵ. 响应

A) Ⅰ、Ⅱ、Ⅲ、Ⅴ　　B) Ⅰ、Ⅲ、Ⅴ、Ⅵ

C) Ⅰ、Ⅲ、Ⅳ、Ⅴ、Ⅵ　　D) Ⅰ、Ⅱ、Ⅲ、Ⅳ、Ⅵ

(34) 下列关于数据备份的描述中,错误的是______。

A) 在完全备份、差异备份及增量备份中,差异备份的备份速度最快

B) 增量备份的文件依赖于淘汰备份的文件,任何一盘磁带出问题将导致备份系统失调,因此其可靠性较差

C) 差异备份只需要利用完全备份的文件和灾难发生前最近的系统恢复次差异备份文件,就可以将系统恢复

D) 如果频繁进行完全备份,则备份文件中有大量的重复数据,增加了用户投资成本

(35) 下列关于入侵防护系统(IPS)组成模块的描述中,错误的是______。

A) 检测分析组件通过特征匹配、流量分析、协议分析、会话重构等技术,并结合日志中的历史记录来分析攻击类型和特征

B) 所有接收到的数据包都要通过策略执行组件进行转发

C) 日志数据的来源是检测分析组件和策略执行组件,控制台是日志的使用者

D) 控制台负责接收来自检测分析组件的状态转换指令,并驱动策略执行组件转换工作状态,对分布式拒绝服务攻击进行有效防御

(36) 若某公司允许内部网段 192.168.10.0/26 的所有主机可以对外访问 Internet,则在其网络边界防火墙 PIX 525 需要执行的配置语句可能是______。

A) Pix525(config)# nat (inside) 1 192.168.10.0 255.255.255.0

B) Pix525(config)# static (inside,outside) 192.168.10.0 202.101.98.1

C) Pix525(config)# global (outside) 1 202.101.98.1-202.101.98.14
   Pix525(config)# nat (inside) 1 192.168.10.0 255.255.255.192

D) Pix525(config)# global (inside) 1 192.168.10.0 255.255.255.192
   Pix525(config)# nat (outside) 1 0.0.0.0 0.0.0.0

(37) 网络监听系统的嗅探器可以使网络接口处于混杂模式,在这种模式下,网络接口______。

A) 只能够响应与本地网络接口硬件地址相匹配的数据帧

B) 只能够响应本网段的广播数据帧

C) 只能响应组播和多播信息

D) 能够响应流经网络接口的所有数据帧

(38) 若想在 Windows 2003 操作系统中安装 SNMP 服务,则需在“控制面板”的“添加/删除 Windows 组

件"中选择______。接着在子组件栏中选择"简单网络管理协议(SNMP)",单击[确定]、[下一步]按钮。

A) 网络服务　　B) 管理和监视工具

C) 附件和工具　　D) 其他的网络文件和打印服务

(39) 在 Windows 中,ping 命令的-n 选项表示______。

A) ping 的次数　　B) ping 的网络号

C) 数字形式显示结果　　D) 不要重复,只 ping 一次

(40) 某子网内有一台安装 Windows XP 操作系统的工作站不能连接到同一子网的 FTP 服务器,而同一子网的其他工作站都能正常连接到该服务器。用网络监视器发现这台工作站在每次连接该服务器时,都要广播 ARP 寻找默认网关。由此可判断故障原因可能是该工作站______。

A) 默认网关地址不正确　　B) 子网掩码不正确

C) 设有多个 IP 地址　　D) DNS 设置错误

二、综合题(每空 2 分,共 40 分)

1. 计算并填写表 1。

表 1

IP 地址	106.139.68.122
子网掩码	255.224.0.0
地址类别	【1】
网络地址	【2】
直接广播地址	【3】
子网内的第一个可用 IP 地址	【4】
子网内的最后一个可用 IP 地址	【5】

2. 图 1 是 VLAN 配置的结构示意图。

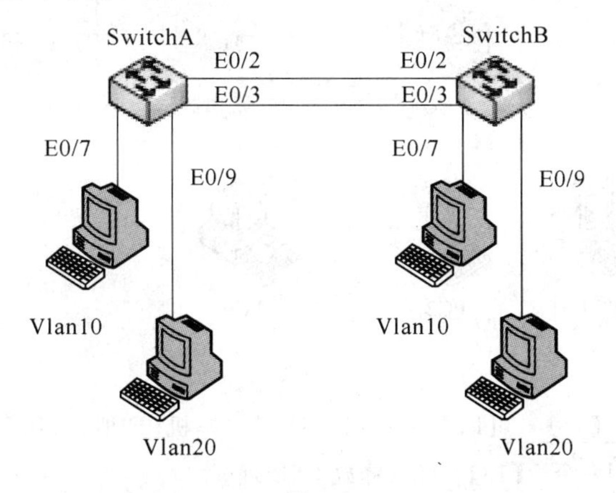

图 1

请补充【6】~【8】空白处的配置命令,完成 SwitchA 的配置信息

Switch>enable　　(进入特权模式)

Switch#config terminal　　(进入配置模式)

Switch(config)# 【6】　　(修改主机名为 SwitchA)

SwitchA(config)#end

SwitchA ＃

SwitchA ＃vlan database　　　　　　　（进入 VLAN 配置子模式）

SwitchA (vlan)＃ 【7】 　　　　　　　（设置本交换机为 Server 模式）

SwitchA (vlan)＃ 【8】 vtpserver　　　　（设置域名为 vtpserver）

SwitchA (vlan)＃vtp pruning　　　　　（启动修剪功能）

SwitchA (vlan)＃exit　　　　　　　　（退出 VLAN 配置模式）

下面是交换机完成 Trunk 的部分配置，请根据题目要求，请补充【9】～【10】空白处的配置命令，完成下列配置。

SwitchA (config)＃interface f0/3　　　　　　　　（进入端口 3 配置模式）

SwitchA (config-if)＃switchport 【9】 　　　　　（设置当前端口为 Trunk 模式）

SwitchA (config-if)＃ switchport trunk allowed 【10】 （设置允许所有 Vlan 通过）

SwitchA (config-if)＃exit

SwitchA (config)＃exit

Switch＃

3. 某单位网络拓扑结构如图 2 所示。该单位网络中，客户端全部从 DHCP 服务器处动态获取 IP 地址，该 DHCP 服务器设置的地址池为 192.168.1.1～192.168.1.253。请回答以下问题。

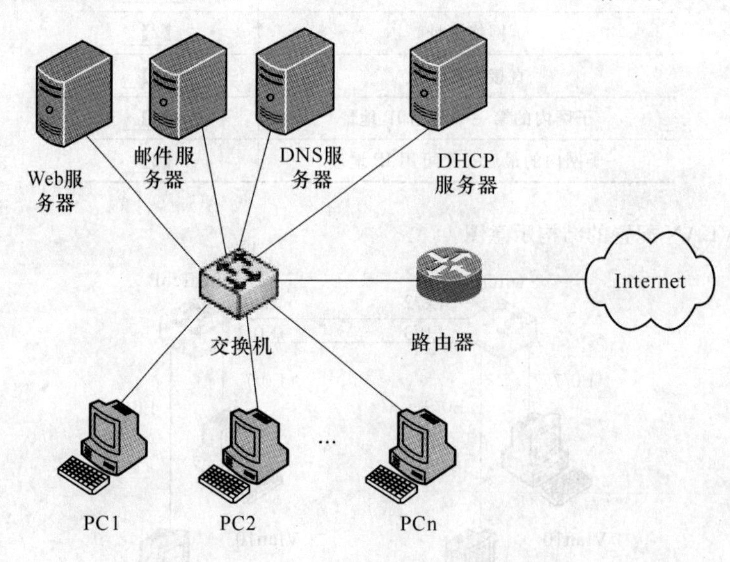

图 2

(1) 用户通过命令 【11】 可以看到自己申请到的本机 IP 地址，用命令 【12】 可以重新向 DHCP 服务器申请 IP，用命令 【13】 可以释放 IP 地址。

(2) 该单位服务器发现与其他计算机 IP 地址冲突，网络管理员检查发现本网络内设有其他 DHCP 服务器，并且除服务器外其他客户端没有设置静态 IP 地址，此时应检查调整 DHCP 服务器的 【14】 。

(3) 某 Windows 客户端开机后发现无法上网，使用 ipconfig 发现本机自动获取的 IP 地址是 169.254.8.1，此时检查 DHCP 服务器工作正常，且地址池中尚有未分配地址，此时应检查 【15】 。

4. 图 3 为通过 Sniffer 解码的 ARP 请求和应答报文的结构，请根据显示的信息回答下列问题。

```
DLC:  Frame 16 arrived at  14:24:09.9803; frame
DLC:  Destination = Station Xircom7BFE84
DLC:  Source      = Station Huawei001105
DLC:  Ethertype   = 0806 (ARP)
DLC:
ARP: ----- ARP/RARP frame -----
ARP:
ARP: Hardware type = 1 (10Mb Ethernet)
ARP: Protocol type = 0800 (IP)
ARP: Length of hardware address = 6 bytes
ARP: Length of protocol address = 4 bytes
ARP: Opcode 1 (ARP request)
ARP: Sender's hardware address = 00E0FC001105
ARP: Sender's protocol address = [10.11.107.254]
ARP: Target hardware address   = 000000000000
ARP: Target protocol address   = [10.11.104.159]
```

(a)

```
DLC:  Frame 17 arrived at  14:24:09.9804; frame
DLC:  Destination = Station Huawei001105
DLC:  Source      = Station Xircom7BFE84
DLC:  Ethertype   = 0806 (ARP)
DLC:
ARP: ----- ARP/RARP frame -----
ARP:
ARP: Hardware type = 1 (10Mb Ethernet)
ARP: Protocol type = 0800 (IP)
ARP: Length of hardware address = 6 bytes
ARP: Length of protocol address = 4 bytes
ARP: Opcode 2 (ARP reply)
ARP: Sender's hardware address = 0010A47BFE84
ARP: Sender's protocol address = [10.11.104.159]
ARP: Target hardware address   = 00E0FC001105
ARP: Target protocol address   = [10.11.107.254]
```

(b)

图 3

(1) 图 3 的(a)、(b)中，为 ARP 请求报文结构的是__【16】__。

(2) ARP 请求报文的主机 IP 地址是__【17】__，MAC 地址是__【18】__。

(3) 通过 ARP 地址解析后可知，目的主机 IP 地址是__【19】__，MAC 地址是__【20】__。

三、应用题(共 20 分)

某企业的网络拓扑结构如图 4 所示，请回答以下有关问题。

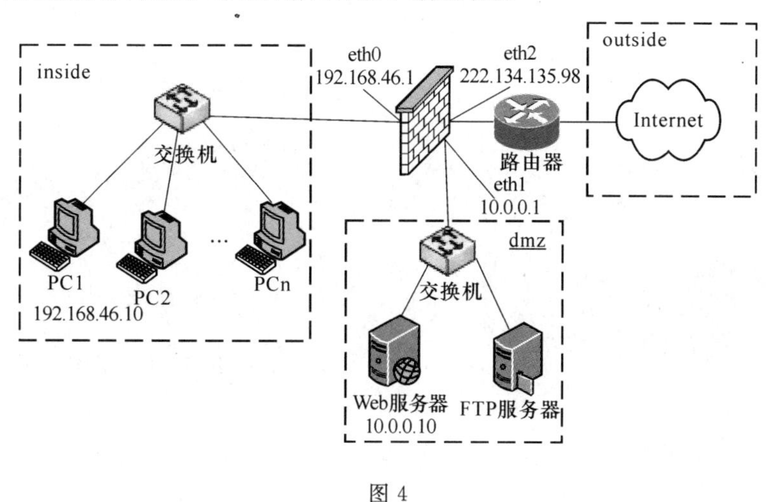

图 4

(1) 防火墙使用安全区域的概念来表示与其相连接的网络。请将图 4 中 inside、outside 和 dmz 区域按默认的可信度由高到低进行排序。

(2) 为了过滤数据包，需要配置访问控制列表(ACL)，规定什么样的数据包可以通过，什么样的数据包不能通过。ACL 规则由多条 permit 或 deny 语句组成，语句的匹配顺序是从上到下。请解释以下两条语句的含义。

语句 access-list 1 deny any any

语句 access-list 100 permit tcp anyhost 222.134.135.99 eq ftp

(3) 请按照图 4，写出防火墙各个网络接口的初始化配置。

(4) 如图 4 所示，要求在防火墙上通过 ACL 配置，允许在 inside 区域除工作站 PC1 外的所有主机都能访问 Internet，请写出 ACL 规则 200。